U0353782

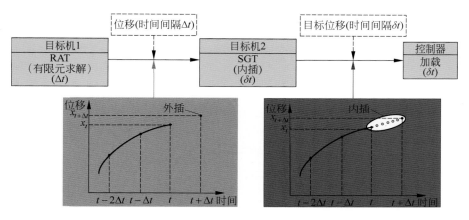

图 2.7　双目标机下的任务分解示意图

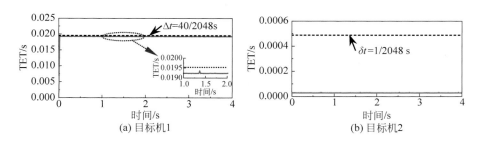

(a) 目标机1

(b) 目标机2

图 2.16　目标机 TET

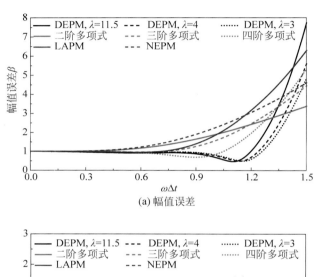

(a) 幅值误差

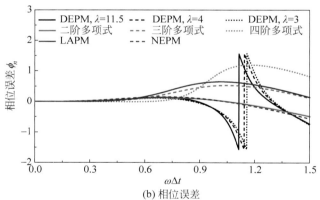

(b) 相位误差

图 2.26 位移预测法的理论精度比较

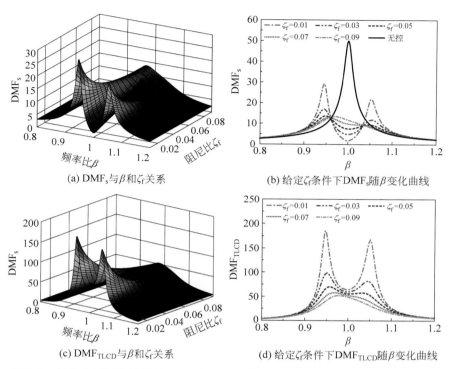

(a) $\mathrm{DMF_s}$ 与 β 和 ζ_f 关系

(b) 给定 ζ_f 条件下 $\mathrm{DMF_s}$ 随 β 变化曲线

(c) $\mathrm{DMF_{TLCD}}$ 与 β 和 ζ_f 关系

(d) 给定 ζ_f 条件下 $\mathrm{DMF_{TLCD}}$ 随 β 变化曲线

图 5.2 结构及 TLCD 液体的 DMF 在不同频率比 β 下随液体阻尼比 ζ_f 的变化曲线

（$\eta=1$，$p=0.75$，$\varphi=1$，$\mu=2\%$，$\zeta_s=1\%$）

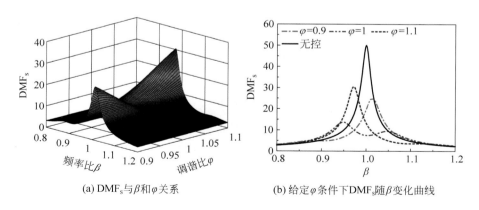

(a) $\mathrm{DMF_s}$ 与 β 和 φ 关系

(b) 给定 φ 条件下 $\mathrm{DMF_s}$ 随 β 变化曲线

图 5.3 $\mathrm{DMF_s}$ 在不同频率比 β 下随频率调谐比 φ 的变化曲线

（$\eta=1$，$p=0.75$，$\mu=2\%$，$\zeta_s=1\%$，$\zeta_f=5\%$）

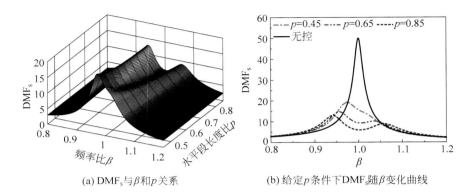

(a) DMF$_s$与β和p关系　　　　(b) 给定p条件下DMF$_s$随β变化曲线

图 5.4　DMF$_s$在不同频率比 β 下随水平段长度比 p 的变化曲线

（$\eta=1,\varphi=1,\mu=2\%,\zeta_s=1\%,\zeta_f=5\%$）

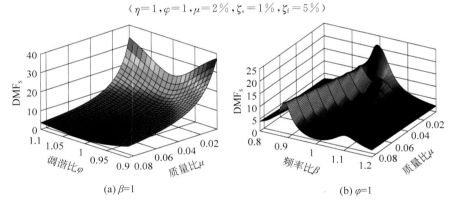

(a) $\beta=1$　　　　　　　　　　　(b) $\varphi=1$

图 5.5　DMF$_s$随质量比 μ 的变化曲线

（$\eta=1,p=0.75,\zeta_s=1\%,\zeta_f=5\%$）

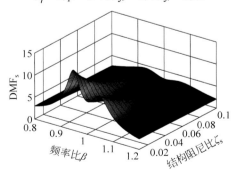

图 5.6　DMF$_s$随结构阻尼比 ζ_s 的变化曲线

（$\eta=1,p=0.75,\varphi=1,\mu=2\%,\zeta_f=5\%$）

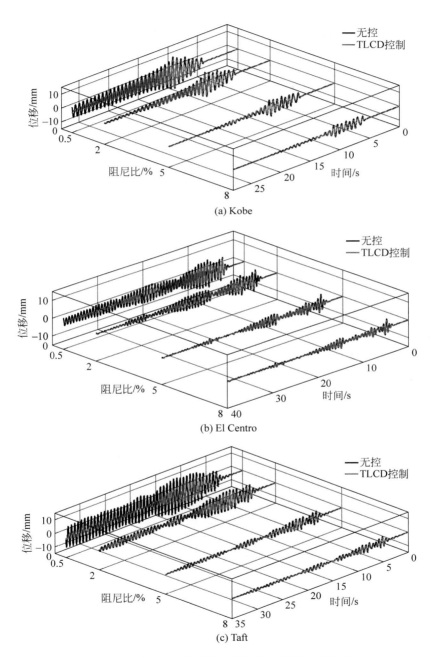

图 5.26　不同结构阻尼比 ζ_s 下的结构位移响应时程

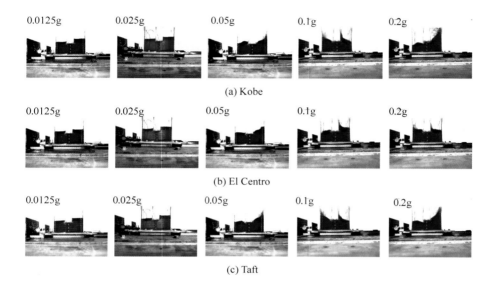

0.0125g   0.025g   0.05g   0.1g   0.2g

(a) Kobe

0.0125g   0.025g   0.05g   0.1g   0.2g

(b) El Centro

0.0125g   0.025g   0.05g   0.1g   0.2g

(c) Taft

图 5.30　不同 PGA 下 TLCD-A1 液体典型运动形态

图 5.31　TLCD-A2 模型照片

TLCD-A

TLCD-B(蓝色)和TLCD-C(红色)

TLCD-D

TLCD-E

图 6.5 TLCD 模型照片

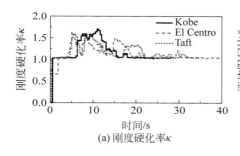

(a) 刚度硬化率 κ

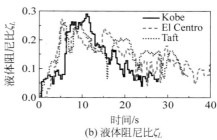

(b) 液体阻尼比 ζ_L

图 7.6 NSD 模型的液体刚度硬化率和阻尼比变化曲线

(a) Kobe (b) El Cen...

(c) Taft

图 7.17　TLD 液体最剧烈运动形态

清华大学优秀博士学位论文丛书

实时耦联动力试验的大规模数值模拟研究与应用

朱飞 著　Zhu Fei

Study and Application of
Large-Scale Numerical Simulation
in Real-Time Hybrid Simulation

清华大学出版社
北 京

内容简介

本书系统阐述了实时耦联动力试验方法（RTHS）的基本原理与研究现状，以及基于清华大学实时耦联动力试验系统开展的一系列创新性理论研究与试验应用成果。

全书分为8章，包括绪论、基于双目标机的RTHS系统构建及验证、多自由度RTHS系统的时滞稳定性分析、不同数值积分算法的时滞稳定性和精度分析、调谐液柱阻尼器的减震性能研究、调谐液柱阻尼器在高层结构减震中的应用试验、调谐液体阻尼器关键问题研究、结论与展望。

本书可供结构抗震领域科研技术人员参考，也可作为水利工程、土木工程及相关专业师生的参考书。

图书在版编目（CIP）数据

实时耦联动力试验的大规模数值模拟研究与应用/朱飞著. —北京：清华大学出版社，2019

（清华大学优秀博士学位论文丛书）

ISBN 978-7-302-52095-5

Ⅰ.①实…　Ⅱ.①朱…　Ⅲ.①水工结构－耦合反应－结构动力学－动力试验－大规模－数值模拟－研究　Ⅳ.①TV32

中国版本图书馆 CIP 数据核字（2019）第 010033 号

责任编辑：黎　强　戚　亚
封面设计：傅瑞学
责任校对：王淑云
责任印制：宋　林

出版发行：清华大学出版社
　　　　　网　　　址：http://www.tup.com.cn，http://www.wqbook.com
　　　　　地　　　址：北京清华大学学研大厦 A 座　　邮　　编：100084
　　　　　社　总　机：010-62770175　　　　　　　　邮　　购：010-62786544
　　　　　投稿与读者服务：010-62776969，c-service@tup.tsinghua.edu.cn
　　　　　质量反馈：010-62772015，zhiliang@tup.tsinghua.edu.cn
印　刷　者：三河市铭诚印务有限公司
装　订　者：三河市启晨纸制品加工有限公司
经　　　销：全国新华书店
开　　　本：155mm×235mm　　印　张：14.75　　插　页：4　　字　数：256 千字
版　　　次：2019 年 6 月第 1 版　　　　　　印　次：2019 年 6 月第 1 次印刷
定　　　价：119.00 元

产品编号：080945-01

一流博士生教育
体现一流大学人才培养的高度(代丛书序)^①

人才培养是大学的根本任务。只有培养出一流人才的高校,才能够成为世界一流大学。本科教育是培养一流人才最重要的基础,是一流大学的底色,体现了学校的传统和特色。博士生教育是学历教育的最高层次,体现出一所大学人才培养的高度,代表着一个国家的人才培养水平。清华大学正在全面推进综合改革,深化教育教学改革,探索建立完善的博士生选拔培养机制,不断提升博士生培养质量。

学术精神的培养是博士生教育的根本

学术精神是大学精神的重要组成部分,是学者与学术群体在学术活动中坚守的价值准则。大学对学术精神的追求,反映了一所大学对学术的重视、对真理的热爱和对功利性目标的摒弃。博士生教育要培养有志于追求学术的人,其根本在于学术精神的培养。

无论古今中外,博士这一称号都是和学问、学术紧密联系在一起,和知识探索密切相关。我国的博士一词起源于 2000 多年前的战国时期,是一种学官名。博士任职者负责保管文献档案、编撰著述,须知识渊博并负有传授学问的职责。东汉学者应劭在《汉官仪》中写道:"博者,通博古今;士者,辩于然否。"后来,人们逐渐把精通某种职业的专门人才称为博士。博士作为一种学位,最早产生于 12 世纪,最初它是加入教师行会的一种资格证书。19 世纪初,德国柏林大学成立,其哲学院取代了以往神学院在大学中的地位,在大学发展的历史上首次产生了由哲学院授予的哲学博士学位,并赋予了哲学博士深层次的教育内涵,即推崇学术自由、创造新知识。哲学博士的设立标志着现代博士生教育的开端,博士则被定义为独立从事学术研究、具备创造新知识能力的人,是学术精神的传承者和光大者。

---

① 本文首发于《光明日报》,2017 年 12 月 5 日。

博士生学习期间是培养学术精神最重要的阶段。博士生需要接受严谨的学术训练，开展深入的学术研究，并通过发表学术论文、参与学术活动及博士论文答辩等环节，证明自身的学术能力。更重要的是，博士生要培养学术志趣，把对学术的热爱融入生命之中，把捍卫真理作为毕生的追求。博士生更要学会如何面对干扰和诱惑，远离功利，保持安静、从容的心态。学术精神特别是其中所蕴含的科学理性精神、学术奉献精神不仅对博士生未来的学术事业至关重要，对博士生一生的发展都大有裨益。

独创性和批判性思维是博士生最重要的素质

博士生需要具备很多素质，包括逻辑推理、言语表达、沟通协作等，但是最重要的素质是独创性和批判性思维。

学术重视传承，但更看重突破和创新。博士生作为学术事业的后备力量，要立志于追求独创性。独创意味着独立和创造，没有独立精神，往往很难产生创造性的成果。1929 年 6 月 3 日，在清华大学国学院导师王国维逝世二周年之际，国学院师生为纪念这位杰出的学者，募款修造"海宁王静安先生纪念碑"，同为国学院导师的陈寅恪先生撰写了碑铭，其中写道："先生之著述，或有时而不章；先生之学说，或有时而可商；惟此独立之精神，自由之思想，历千万祀，与天壤而同久，共三光而永光。"这是对于一位学者的极高评价。中国著名的史学家、文学家司马迁所讲的"究天人之际、通古今之变，成一家之言"也是强调要在古今贯通中形成自己独立的见解，并努力达到新的高度。博士生应该以"独立之精神、自由之思想"来要求自己，不断创造新的学术成果。

诺贝尔物理学奖获得者杨振宁先生曾在 20 世纪 80 年代初对到访纽约州立大学石溪分校的 90 多名中国学生、学者提出："独创性是科学工作者最重要的素质。"杨先生主张做研究的人一定要有独创的精神、独到的见解和独立研究的能力。在科技如此发达的今天，学术上的独创性变得越来越难，也愈加珍贵和重要。博士生要树立敢为天下先的志向，在独创性上下功夫，勇于挑战最前沿的科学问题。

批判性思维是一种遵循逻辑规则、不断质疑和反省的思维方式，具有批判性思维的人勇于挑战自己、敢于挑战权威。批判性思维的缺乏往往被认为是中国学生特有的弱项，也是我们在博士生培养方面存在的一个普遍问题。2001 年，美国卡内基基金会开展了一项"卡内基博士生教育创新计划"，针对博士生教育进行调研，并发布了研究报告。该报告指出：在美国和欧洲,培养学生保持批判而质疑的眼光看待自己、同行和导师的观点同样非常不容易,批判性思维的培养必须要成为博士生培养项目的组成部分。

对于博士生而言,批判性思维的养成要从如何面对权威开始。为了鼓励学生质疑学术权威、挑战现有学术范式,培养学生的挑战精神和创新能力,清华大学在 2013 年发起"巅峰对话",由学生自主邀请各学科领域具有国际影响力的学术大师与清华学生同台对话。该活动迄今已经举办了 21 期,先后邀请 17 位诺贝尔奖、3 位图灵奖、1 位菲尔兹奖获得者参与对话。诺贝尔化学奖得主巴里·夏普莱斯(Barry Sharpless)在 2013 年 11 月来清华参加"巅峰对话"时,对于清华学生的质疑精神印象深刻。他在接受媒体采访时谈道:"清华的学生无所畏惧,请原谅我的措辞,但他们真的很有胆量。"这是我听到的对清华学生的最高评价,博士生就应该具备这样的勇气和能力。培养批判性思维更难的一层是要有勇气不断否定自己,有一种不断超越自己的精神。爱因斯坦说:"在真理的认识方面,任何以权威自居的人,必将在上帝的嬉笑中垮台。"这句名言应该成为每一位从事学术研究的博士生的箴言。

提高博士生培养质量有赖于构建全方位的博士生教育体系

一流的博士生教育要有一流的教育理念,需要构建全方位的教育体系,把教育理念落实到博士生培养的各个环节中。

在博士生选拔方面,不能简单按考分录取,而是要侧重评价学术志趣和创新潜力。知识结构固然重要,但学术志趣和创新潜力更关键,考分不能完全反映学生的学术潜质。清华大学在经过多年试点探索的基础上,于 2016 年开始全面实行博士生招生"申请-审核"制,从原来的按照考试分数招收博士生转变为按科研创新能力、专业学术潜质招收,并给予院系、学科、导师更大的自主权。《清华大学"申请-审核"制实施办法》明晰了导师和院系在考核、遴选和推荐上的权利和职责,同时确定了规范的流程及监管要求。

在博士生指导教师资格确认方面,不能论资排辈,要更看重教师的学术活力及研究工作的前沿性。博士生教育质量的提升关键在于教师,要让更多、更优秀的教师参与到博士生教育中来。清华大学从 2009 年开始探索将博士生导师评定权下放到各学位评定分委员会,允许评聘一部分优秀副教授担任博士生导师。近年来学校在推进教师人事制度改革过程中,明确教研系列助理教授可以独立指导博士生,让富有创造活力的青年教师指导优秀的青年学生,师生相互促进、共同成长。

　　在促进博士生交流方面,要努力突破学科领域的界限,注重搭建跨学科的平台。跨学科交流是激发博士生学术创造力的重要途径,博士生要努力提升在交叉学科领域开展科研工作的能力。清华大学于 2014 年创办了"微沙龙"平台,同学们可以通过微信平台随时发布学术话题、寻觅学术伙伴。3年来,博士生参与和发起"微沙龙"12000 多场,参与博士生达 38000 多人次。"微沙龙"促进了不同学科学生之间的思想碰撞,激发了同学们的学术志趣。清华于 2002 年创办了博士生论坛,论坛由同学自己组织,师生共同参与。博士生论坛持续举办了 500 期,开展了 18000 多场学术报告,切实起到了师生互动、教学相长、学科交融、促进交流的作用。学校积极资助博士生到世界一流大学开展交流与合作研究,超过 60% 的博士生有海外访学经历。清华于 2011 年设立了发展中国家博士生项目,鼓励学生到发展中国家亲身体验和调研,在全球化背景下研究发展中国家的各类问题。

　　在博士学位评定方面,权力要进一步下放,学术判断应该由各领域的学者来负责。院系二级学术单位应该在评定博士论文水平上拥有更多的权力,也应担负更多的责任。清华大学从 2015 年开始把学位论文的评审职责授权给各学位评定分委员会,学位论文质量和学位评审过程主要由各学位分委员会进行把关,校学位委员会负责学位管理整体工作,负责制度建设和争议事项处理。

　　全面提高人才培养能力是建设世界一流大学的核心。博士生培养质量的提升是大学办学质量提升的重要标志。我们要高度重视、充分发挥博士生教育的战略性、引领性作用,面向世界、勇于进取,树立自信、保持特色,不断推动一流大学的人才培养迈向新的高度。

清华大学校长

2017 年 12 月 5 日

丛书序二

以学术型人才培养为主的博士生教育，肩负着培养具有国际竞争力的高层次学术创新人才的重任，是国家发展战略的重要组成部分，是清华大学人才培养的重中之重。

作为首批设立研究生院的高校，清华大学自20世纪80年代初开始，立足国家和社会需要，结合校内实际情况，不断推动博士生教育改革。为了提供适宜博士生成长的学术环境，我校一方面不断地营造浓厚的学术氛围，一方面大力推动培养模式创新探索。我校已多年运行一系列博士生培养专项基金和特色项目，激励博士生潜心学术、锐意创新，提升博士生的国际视野，倡导跨学科研究与交流，不断提升博士生培养质量。

博士生是最具创造力的学术研究新生力量，思维活跃，求真求实。他们在导师的指导下进入本领域研究前沿，吸取本领域最新的研究成果，拓宽人类的认知边界，不断取得创新性成果。这套优秀博士学位论文丛书，不仅是我校博士生研究工作前沿成果的体现，也是我校博士生学术精神传承和光大的体现。

这套丛书的每一篇论文均来自学校新近每年评选的校级优秀博士学位论文。为了鼓励创新，激励优秀的博士生脱颖而出，同时激励导师悉心指导，我校评选校级优秀博士学位论文已有20多年。评选出的优秀博士学位论文代表了我校各学科最优秀的博士学位论文的水平。为了传播优秀的博士学位论文成果，更好地推动学术交流与学科建设，促进博士生未来发展和成长，清华大学研究生院与清华大学出版社合作出版这些优秀的博士学位论文。

感谢清华大学出版社，悉心地为每位作者提供专业、细致的写作和出版指导，使这些博士论文以专著方式呈现在读者面前，促进了这些最新的优秀研究成果的快速广泛传播。相信本套丛书的出版可以为国内外各相关领域或交叉领域的在读研究生和科研人员提供有益的参考，为相关学科领域的发展和优秀科研成果的转化起到积极的推动作用。

感谢丛书作者的导师们。这些优秀的博士学位论文，从选题、研究到成文，离不开导师的精心指导。我校优秀的师生导学传统，成就了一项项优秀的研究成果，成就了一大批青年学者，也成就了清华的学术研究。感谢导师们为每篇论文精心撰写序言，帮助读者更好地理解论文。

感谢丛书的作者们。他们优秀的学术成果，连同鲜活的思想、创新的精神、严谨的学风，都为致力于学术研究的后来者树立了榜样。他们本着精益求精的精神，对论文进行了细致的修改完善，使之在具备科学性、前沿性的同时，更具系统性和可读性。

这套丛书涵盖清华众多学科，从论文的选题能够感受到作者们积极参与国家重大战略、社会发展问题、新兴产业创新等的研究热情，能够感受到作者们的国际视野和人文情怀。相信这些年轻作者们勇于承担学术创新重任的社会责任感能够感染和带动越来越多的博士生们，将论文书写在祖国的大地上。

祝愿丛书的作者们、读者们和所有从事学术研究的同行们在未来的道路上坚持梦想，百折不挠！在服务国家、奉献社会和造福人类的事业中不断创新，做新时代的引领者。

相信每一位读者在阅读这一本本学术著作的时候，在吸取学术创新成果、享受学术之美的同时，能够将其中所蕴含的科学理性精神和学术奉献精神传播和发扬出去。

清华大学研究生院院长

2018 年 1 月 5 日

导师序言

朱飞的博士论文在他毕业两年之后终于要出版了。当他收到清华大学研究生院和清华大学出版社的出版邀请,向我询问是否可以出版时,我毫不犹豫地同意了。这是他的第一本专著,问序于我,作为导师义不容辞。

朱飞是 2011 年 9 月从武汉大学保送到清华大学水利水电工程系攻读博士学位的。还记得刚入学不久,他到我办公室找我谈心,向我申请研究方向和课题,我跟他说作为一名博士生,一定要研究自己感兴趣、对社会有用的课题。我让他先了解下课题组师兄师姐们正在做的研究工作,再由他自己决定。

我所在的水利系振动课题组由 5 位老师及 20 余名学生组成,研究方向涉及高坝抗震、新型混凝土材料、颗粒力学和实时耦联动力试验等。实时耦联动力试验作为一种新型的结构动力试验方法,当时在国际结构抗震领域备受关注,而国内鲜有同行涉及。2008—2010 年期间振动组搭建完成了国内第一个实时耦联动力试验系统,由于试验系统尚处于起步阶段,需要解决的问题和可以研究的课题很多,急需有志向的博士生能够投入进去。实时耦联动力试验的优点是可以真实反映地震加载过程及大比尺的模型试验,但存在的核心技术难题是由于实时计算的严格要求,能求解的自由度有限,难以满足解决工程问题的要求。朱飞对这个问题很感兴趣,提出愿意试着开展相关工作。解决这一核心技术难题是有难度的,需要打破对原有试验系统的固定思维,重建试验系统。而且当时国内外尚无成功的案例,没有经验可循,只能摸着石头过河。在接下来的一年里,朱飞先是通过虚拟振动台测试找到了比较可靠的解决方案,然后采购相关设备,对原试验系统进行大刀阔斧的重建,经过无数次的测试,终于成功地搭建出了双目标机的实时耦联试验系统,把计算能力提高了一个数量级,在国际上首次实现了上千自由度的实时耦联动力试验。

试验系统的成功搭建不仅给朱飞带来了极大的鼓舞,也进一步丰富了该课题的研究内容。在随后的几年里,朱飞利用该试验系统分别在时滞补偿算法、试验系统稳定性分析和试验应用等方面开展了许多创新性的研究。2014 年,在我的支持和引荐下,朱飞同学赴德国亚琛工业大学交流学习半年,在那里他跟随土木工程系 Dr. Altay 开展了调谐液柱阻尼器的相关研究。回国后,他将实时耦联动力试验方法应用到调谐液柱阻尼器减震性能研究中,取得了许多有价值的成果。

2016 年 7 月,朱飞顺利通过了博士论文答辩,如期获得了博士学位。他的博士论文也被评为当年清华大学优秀博士论文二等奖。

值得一提的是,朱飞博士毕业后进入长江勘测规划设计研究院从事水利规划设计工作,未如吾望留在高校继续学术研究,这无论对于他本人的科研理想还是这一问题而言,都是些许遗憾。不过,21 世纪的水利是一个充满潜力的行业,需要敢于探索、勇于创新的新鲜血液注入,我相信在新的岗位,他依然会以认真细致、独立探索的态度来对待工作。从这一点讲,未尝不是一件好事。

最后,衷心祝贺朱飞博士的论文付梓出版,希望他未来的人生一帆风顺,也希望他永葆清华大学自强不息、厚德载物的精神,在水利行业继续发光发热。

金　峰

2018 年 5 月于清华园

摘　要

实时耦联动力试验(real-time hybrid simulation,RTHS)是一种基于子结构技术的新型结构动力试验方法,综合了数值模拟和振动台试验的优点,具有广阔的应用前景。本书构建了双目标机 RTHS 系统实现大规模数值子结构计算,并进行了初步的工程应用。本书的主要内容包括如下方面:

1. 在原有 RTHS 系统基础上,基于子时步技术的任务分解策略,构建了双目标机 RTHS 系统,提出了基于双显式算法的时滞补偿法,实现了数值子结构大规模计算。数值算例和 RTHS 试验表明,该 RTHS 系统能将计算规模提高一个数量级,达到 1240 个自由度,新提出的时滞补偿法能够明显提高试验精度。

2. 基于离散根轨迹技术,建立了综合考虑结构参数、数值算法、多源时滞及时滞补偿等因素的时滞稳定性分析模型,通过考虑有限元数值子结构的单源/多源时滞 RTHS 试验验证了该模型的精度和可靠性。结果表明:系统失稳界限随着计算时步、时滞的增大而降低;时滞补偿能够显著提高失稳界限,但也存在降低失稳界限的特殊情况。

3. 对比了不同显式数值算法在 RTHS 系统的时滞稳定性和精度,探讨了 RTHS 的算法选择问题。结果表明:当时滞存在时,即使稳定条件不同的显式数值算法在 RTHS 系统中的失稳界限都基本相同,数值阻尼能够提高系统的稳定性,自身精度较高的算法能够获得较高的 RTHS 试验精度。

4. 提出了基于双目标机 RTHS 系统的足尺 TLCD-结构-地基系统试验方法以及 TLCD 多阶振型响应控制的思路,进行高层结构的 TLCD 减震控制研究。以单自由度结构为例,验证了 RTHS 用于 TLCD 试验的精度,并进行了 TLCD 参数影响研究。以具有实际工程背景的九层 Benchmark 钢结构为例,进行了 TLCD 单阶、多阶振型响应控制的 RTHS 试验研究,并进一步评价了结构-地基相互作用以及半无限地基辐射阻尼效应对 TLCD 减震性能的影响。

5. 基于 RTHS 研究了调谐液体阻尼器(tuned liquid damper,TLD)数值模型的模拟精度和物理模型的尺寸效应问题。重点比较了 TLD 优化设计中几何尺寸效应和质量比尺效应对减震效果的影响。结果表明小尺寸的浅水 TLD 减震性能更优;常规试验中考虑质量比尺的缩尺 TLD 模型会高估实际 TLD 原型的减震效果。

关键词: 双目标机实时耦联动力试验系统;大规模数值子结构;离散根轨迹;时滞稳定性;调谐液柱/体阻尼器

Abstract

Real-time hybrid simulation (RTHS), based on substructure technique, is an economic, efficient experimental method for evaluating dynamic responses of structures under seismic excitations. RTHS combines the advantages of both numerical simulation and shaking table tests, showing vast application prospect in earthquake engineering. In this paper, an RTHS system embedded with dual target computers is built to achieve large-scale numerical simulation, and preliminary engineering applications are carried out. The main contents include the following five parts:

1. On the basis of the original RTHS system in Tsinghua University, an RTHS system with dual target computers is constructed through task splitting strategy. Meanwhile, a dual explicit prediction method (DEPM) is proposed to compensate for large time delay effect under the condition of large integration time steps. Numerical and RTHS cases demonstrate that the newly-developed system could perform large-scale numerical simulation of finite element (FE) models with a maximum of 1240 degrees-of-freedom (DOFs), and the DEPM could significantly improve the accuracy of RTHS.

2. The stability analysis model based on the discrete-time root locus technique isproposed to investigate the stability performance of delayed multiple DOF (MDOF) RTHS system. This model has the capability of comprehensively investigating the effects of structural properties, integration algorithms, time steps, multiple time delay sources, and delay compensation methods. FE-RTHSs considering single and multiple time delay sources are carried out to verifiy the reasonability and accuracy of the stability analysis model. It is found that the stability limitation generally decreases with the increase of both time step and time delay. The application of delay compensation methods can generally improve stability

limitations, but may decrease stability limitations in certain cases.

3. Comparisons of delay-dependent stability and accuracy among different explicit algorithms used in RTHS are further invesitgated by the use of the proposed stability analysis model. It is found that the stability of RTHS system is mainly determined by time delay rather than stability properties of integration algorithms, whereas its accuracy mainly depends on the accuracy characteristic of the applied integration algorithm itself. An unconditionally stable integration algorithm cannot always guarantee good stability performance; while an integration algorithm which has excellent inherent accuracy or numerical energy dissipation should be given priority in RTHSs.

4. The experimental methodology of full-scale tuned liquid column damper (TLCD)-structure-foundation system is developed with the proposed RTHS system. The accuracy of RTHS on TLCD study is first validated through experiments of single DOF structure-TLCD system; and the effects of key parameters on control performance of TLCD are discussed. Then, the applications of single TLCD controlling single-order modal response and multiple TLCD controlling single- to multi-order modal responses of a 9-story benchmark steel building are investigated and compared. Furthermore, the effects of soil-structure interaction as well as radiation damping on control performance of TLCD are also evaluated.

5. The RTHS technique is finally employed to investigate both the accuracy of tuned liquid damper (TLD) numerical model and the size effect of TLD physical model on the control performance of TLD. The issue of size effect of TLD in optimization design is mainly studied by a series of RTHSs on several TLDs with different geometric sizes, in which the variation of mass scale is included. It is demonstrated that shallow TLDs with smal sizes perform higher reduction effectiveness than deep TLDs with large sizes; and scaled TLD models in previous conventional shaking table tests overestimate the control effect of practical TLD systems.

Key words: Real-time hybrid simulation system with dual target computers; Large-scale numerical substructures; Discrete-time root locus; Delay-dependent stability; Tuned liquid (column) damper

目　录

Contents

第1章 绪 论

1.1 工程背景与研究意义

地震灾害是一种发生概率低、预测预报难、危害性极大的特殊自然灾害。地震灾害造成的人类生命财产损失绝大部分不是由地震活动本身引起的,而是由于各类人造建筑设施受损引起的,如房屋倒塌,水坝、桥梁、交通系统等生命线工程的破坏。同时,由地震引发的次生灾害如山体滑坡、雪崩、海啸、核泄漏等也对人类的生产生活甚至生命安全构成严重的潜在威胁。

中国的地震活动十分频繁,具有强震多发、震灾严重的特点。20 世纪以来,中国大陆 6 级以上地震共发生过约 457 次,遍及 28 个省份,累计死亡人数达 59 万。由于人口稠密,且建筑抗震设防标准大多偏低,中国的抗震安全形势仍然十分严峻。

由于目前地震预报仍不能达到理想精度,在结构抗震设计过程中,通过提高结构自身的强度来获得较高的抗震能力是应对地震灾害、减小地震损失的最有效的手段。目前,基于数值模拟的结构动力计算[1]、基于监测控制的原型观测[2],以及结构动力试验[3,4]是进行结构抗震设计与研究的三大途径。结构动力试验通过制作结构模型,将真实地震记录作为输入荷载来对模型进行加载,能够有效地模拟结构在地震作用下的响应;此外,对于某些强烈非线性结构,数值模型通常难以精确模拟,此时足尺的结构动力试验是最为有效且可靠的研究方法。

另一方面,在水利和工民建工程建设领域,高耸结构的不断出现在推动国民经济发展、满足生产和生活需求的同时,也给结构在地震、风振作用下的安全性能带来了新的问题。除了改善结构受力特性,减震控制技术[5]也已经广泛应用于结构抗震设计中。调谐液柱阻尼器(tuned liquid column damper,TLCD)源自于调谐液体阻尼器(tuned liquid damper,TLD),是一种典型的被动控制技术[6],它具有减震原理简单、施工安装方便、减震效果良好等特点,特别适用于基频较低的高层结构振动控制。TLCD[7,8]体型通常为 U 形管状或者矩形状容器,分为水平段和竖直段两部分,水平段通常设置阀门或者格栅,通过调节其开度来控制阻尼效应。TLCD 主要通过容器内液体运动产生的惯性力和水头损失引起的阻尼来耗散能量。TLCD 中液体运动存在强烈非线性,目前采用的数值模型的精度仍有待检验,同时受限于常规动力试验中设备及比尺等因素的限制,缩尺 TLCD 试验也不能精确反映 TLCD 的非线性特性,因此进行足尺的 TLCD 试验很有必要。

近年来得到迅速发展的实时耦联动力试验(real-time hybrid simulation,RTHS)[9-11]是一种极具潜力的新型结构动力试验方法。RTHS 的核心思路是把整体结构分解为数值/物理子结构来进行真实加载速率的混合试验。由于采用数值模型来模拟部分结构,因此诸如土-结构相互作用(soil-structure interaction,SSI)的半无限地基可以采用一些成熟的模型进行数值模拟;而对另一部分非线性行为明显的结构部分进行物理试验,如类似TLCD 的强非线性部分可以进行大比尺甚至足尺试验。因此,RTHS 能够为传统结构动力试验中的一些难题提供一条新的解决途径。

1.2　实时耦联动力试验技术

1.2.1　传统动力试验方法

常规振动台试验[12,13]是发展最早的一种动力试验技术,它的基本思路如图 1.1 所示。它是将整体结构制作成物理模型进行振动台加载试验,通过预设在模型上的传感器实时测量模型的响应,从而获得结构在地震作用下的动力性能。但是由于振动台的几何尺寸一般远小于原型结构尺寸,且其加载能力有限,因此常规振动台试验大多只能采用缩尺模型,无法完全、真实地获得结构的响应。目前振动台试验朝着加载多自由度化和台阵化[14]方向发展。

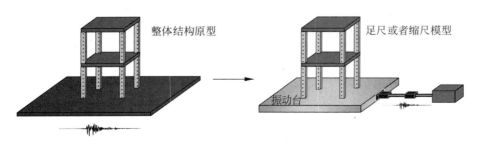

图 1.1　常规振动台试验

另外一种常用的试验方法称为拟动力（pseudo-dynamic，PSD）试验。PSD 试验[15-18]首次将模型试验和数值计算耦合起来，如图 1.2 所示，对于整体结构的动力方程，其惯性力和阻尼力项通过数值计算获得，而恢复力项通过准静态加载试验获得，以此往复循环，直至地震荷载结束。与振动台试验相比，PSD 试验的优点在于对加载设备等的性能要求较低，使得足尺模型试验成为可能。但是由于其加载是一个准静态过程，试验所需时间可能远大于地震荷载时，因此无法研究与加载速率相关的结构响应。

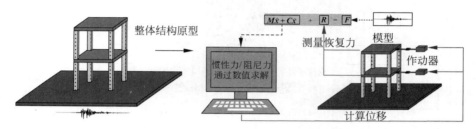

图 1.2　PSD 试验

随后，出现了子结构 PSD 试验[19,20]，即对整体结构进行子结构拆分，其中对非线性的部分进行模型试验，而将剩余部分进行数值模拟。学者们后来又提出了地理分布式混合试验，旨在综合利用各个试验室资源，进行大规模的子结构 PSD 试验（图 1.3）。处在不同地理位置的各试验节点分别进行数值模拟或者物理试验，数据通信通过网络连接。目前几类典型的地理分布式混合试验系统包括美国的 NEES[21-23]、日本的并行 PSD 试验系统[24]，以及中国的 NetLab[25-27] 等。但是由于该方法本质上仍是 PSD 试验，无法达到精确的加载速度，仍然无法用于解决与加载速率有关的动力问题。

1.2.2　实时耦联动力试验

在结构抗震工程中，诸如隔震器、减震阻尼器等已广泛应用于抑制结构振动。由于这些装置的动力特性都是率相关的，若要采用试验手段来进行减震效果的评价，则需要进行实时加载的足尺模型试验。但是，前面所述的振动台及 PSD 试验目前都无法兼顾这些因素。

20 世纪 90 年代，结合常规振动台试验的实时加载特性及 PSD 子结构技术的优点，RTHS 开始应用于结构动力试验研究。RTHS[9,28] 本质上仍是一种混合试验方法，它是将整体结构中容易计算分析的线弹性部分作为数值子结构，采用逐步数值积分算法进行求解；而将难以用数值模型描述的

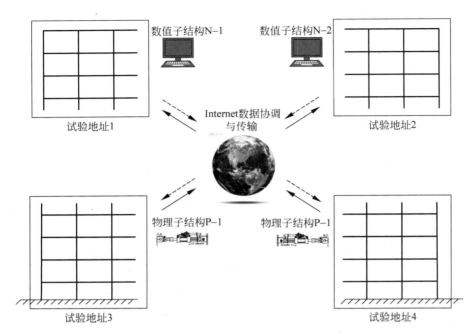

图 1.3　地理分布式混合试验

非线性部分作为物理子结构,按照实际的荷载速率进行振动台/作动器加载,二者之间的位移和测量恢复力进行实时地交互反馈(图 1.4)。由于只有局部结构需要进行模型试验,使得足尺试验成为可能,这就为非线性阻尼器等局部结构的动力性能研究提供了新的手段。

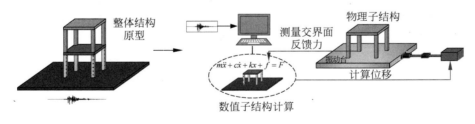

图 1.4　RTHS

相比于振动台和 PSD 试验方法,RTHS 虽然具有明显的优势,但是由于"实时"的严苛条件,也对试验系统构建提出了新的要求。一个完备的 RTHS 系统必须具备以下三个基本特征[11]:实时计算数值子结构、传感器实测数据的实时传递和反馈和振动台/作动器实时加载。RTHS 系统的基本架构组成如图 1.5 所示。

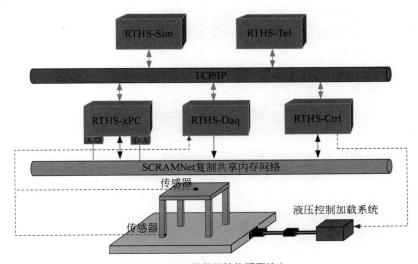

RTHS-Sim：数值子结构模型建立
RTHS-Tel：远程监控、高清摄像
RTHS-xPC：数值子结构的实时计算
RTHS-Daq：试验数据的实时采集
RTHS-Ctrl：振动台/作动器的实时加载控制
SCRAMNet：高精度、低延迟数据传递网络

图 1.5　RTHS 系统架构

　　数值子结构的计算需要在实时计算环境中进行,而一般的操作系统是非实时的,因此现成的有限元计算软件(如 ABAQUS 等)无法实现实时计算,但是 MATLAB 中的 xPC Target 工具箱、Dspace 或者 Venturcom's TNT 等可以提供分布式的实时计算方案;振动台/作动器实时加载则要求能够根据输入命令实时准确地加载;数据实时测量要求数据采集系统具备实时采集的能力,比如 LabVIEW 的 Real-Time Module 模块;对于数据的实时传递和反馈,目前广泛采用的是 SCRAMNet 卡,它具有高速率、高精度、低延迟等优点,符合实时传输的要求。

1.3　实时耦联动力试验研究进展

　　首个 RTHS 成功案例由 Nakashima[9] 完成,研究对象为单自由度结构,且采用单个作动器进行加载。经过 20 多年的发展,众多学者在 RTHS

领域取得了诸多研究成果,把 RTHS 技术推向了一个新的高度。但是目前仍有许多技术难题有待解决,如数值计算规模、时滞效应、多振动台/作动器的相互作用和振动台控制精度等。下面就 RTHS 主要技术问题的研究现状进行详细介绍。

1.3.1   试验系统的发展

不同研究机构采用了不同的加载设备和实时计算环境来构建 RTHS 系统。近年来,为了发挥其能够考虑真实地震荷载的优势,进一步扩大 RTHS 的功能以解决实际工程问题,一些新的 RTHS 系统也相继被构建。

Reinhorn[29] 构建了基于力控制的子结构 RTHS 系统,采用振动台和作动器进行联合加载,如图 1.6 所示。该系统采用了两台目标机进行实时控制,其中一台用于数值子结构的动力分析,另一台称为补偿控制器,用于实现作动器位移控制向力控制的转换,同时进行时滞补偿。

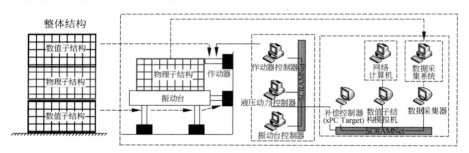

图 1.6   基于力控制的 RTHS 试验示意图

Kim[30] 将地理分布式混合试验和 RTHS 结合,利用康涅狄格大学和伊利诺伊大学两个节点构建了地理分布式 RTHS 系统,旨在充分利用 NEES 下的不同地域试验室资源进行混合试验。该试验系统如图 1.7 所示,不同

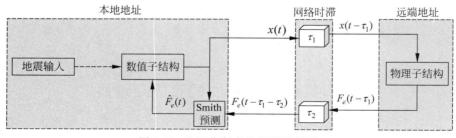

图 1.7   地理分布式的 RTHS 试验

地域的试验结果通过网络进行实时传递。文中对一个双层结构进行了 RTHS 试验,通过系统的时滞敏感性分析,以及和常规的 RTHS 试验比较,表明虽然网络传递延迟引起的时滞($\tau_1 + \tau_2$)具有不确定性,但仍能得到较为满意的结果。考虑到网络传递时滞量在某些情况下可能会比加载设备时滞大且更具时变性,因此时滞补偿仍是地理分布式 RTHS 系统需要解决的关键问题。

McCrum[31]构建了软实时混合试验系统,如图 1.8 所示。该系统借鉴了 Schellenberg[32]提出的混合试验三层结构控制思路,内环伺服控制系统中包含一个 PID 控制器,其主要任务是进行伺服控制加载;外环主要是求解数值子结构,采用 OpenSees 进行动力计算,采用 OpenFresco 进行数值模型和加载设备间的信息交互;中间环采用 Schellenberg[32]提出的预测-修正技术来协调内、外环的不同计算时步。

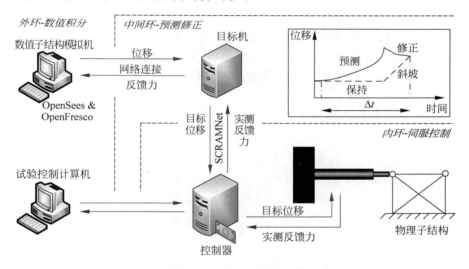

图 1.8　软实时系统示意图

Ferry[33]基于 Linux 系统搭建高度并行化计算平台 Cybermech,首次尝试 RTHS 的并行计算,通过虚拟 RTHS 模拟和一个简单的 RTHS 试验验证了 Cybermech 应用于 RTHS 的精度和稳定性。

总之,试验系统发展的目标是实现更大规模或者复杂结构的 RTHS 试验,从目前的研究成果看,由于 RTHS 试验十分依赖于计算机硬件及实时计算软件的发展,上述试验系统所能实现的计算规模仍较小,难以推广应用。

1.3.2　数值积分算法

在 RTHS 中,数值子结构的动力方程可以写成如下形式:

$$\boldsymbol{M}_{NS}\ddot{\boldsymbol{x}}_{i+1} + \boldsymbol{C}_{NS}\dot{\boldsymbol{x}}_{i+1} + \boldsymbol{R}_{NS(i+1)} = \boldsymbol{F}_{i+1} + \boldsymbol{f}_{PS(i+1)} \qquad (1\text{-}1)$$

其中,$\boldsymbol{M}_{NS}$ 和 $\boldsymbol{C}_{NS}$ 为数值子结构(numerical substructure)的质量和阻尼矩阵;$\boldsymbol{R}_{NS}$ 为数值子结构的恢复力;$\ddot{\boldsymbol{x}}_{i+1}$,$\dot{\boldsymbol{x}}_{i+1}$ 和 $\boldsymbol{x}_{i+1}$ 分别为数值子结构在第 $i+1$ 时步的加速度、速度和位移向量;$\boldsymbol{F}_{i+1}$ 为第 $i+1$ 时步的外荷载向量;$\boldsymbol{f}_{PS(i+1)}$ 为物理子结构(physical substructure)在第 $i+1$ 时步的恢复力向量。

数值积分算法可以归类为两类:显式和隐式[34,35]。由于 RTHS 一般采用位移加载控制,同时数值子结构需要较高的求解速度,因此最理想的数值积分算法应当是显式的。隐式算法常常需要结合迭代计算或者预估-修正算法来实现,然而这可能会导致物理子结构的反馈力测量产生误差,丧失整体精度。但是,从稳定性的角度看,显式算法通常是条件稳定的,因此需要较小的计算时步来保证算法的稳定性;而隐式算法通常都是无条件稳定的。算法的稳定性不仅取决于计算时步的大小,也和算法本身的数值阻尼有关,数值阻尼在提高算法稳定性的同时也有可能降低算法精度。

1.3.2.1　显式算法

中心差分法(central difference method,CDM)和 Newmark 显式算法[36]两种条件稳定的显式算法在以往的 RTHS 中都已经得到了广泛应用,它们的试验精度也得到了充分验证。在 CDM 中,将加速度和速度求解公式代入到动力方程中,可以得到显式的位移求解公式。Wu[37] 提出了修正的 CDM 法,解决了当 CDM 应用于非线性阻尼结构时变成隐式算法的问题。对于 Newmark 系列算法,取 $\beta=0$ 和 $\gamma=0.5$ 即可得到位移显式计算的 Newmark 显式算法。相比 CDM,Newmark 显式算法不存在起步的问题,误差传递特性也明显优于 CDM;同时这两种算法具有相同的稳定界限。

近年来,学者们也发展出了多种应用于 RTHS 的无条件稳定的显式算法,该类算法的共同点在于都引入了和结构特性相关的积分参数来进行求解。

Chang[38] 在 Newmark 显式算法的基础上,在计算位移的微分方程中引入了加权参数 β_1 和 β_2,提出了对线弹性结构无条件稳定,无数值阻尼的显式算法。该算法和平均常加速度法(constant average acceleration method,

CAAM)具有相同的数值特性。Chang[39,40]对算法进行了改进,使之具有更好的稳定特性和误差传递特性。

Chen 和 Ricles[41]从离散控制理论的极点映射原理出发,提出了一种位移和速度都是显式计算的 CR 算法。根轨迹稳定性分析表明,该算法对于线弹性和刚度软化非线性结构是无条件稳定的,而对于刚度硬化非线性结构是条件稳定的。Chen 和 Ricles[42,43]还分析比较了 CR 算法,Newmark 系列算法,HHT-α 算法[44]在求解非线性结构问题上的稳定性。

同样是从极点映射原理出发,Gui[45]提出了一族新的双显式算法——Gui-λ 法,该算法中位移和速度都是显式计算的。参数 λ 在不同取值下对应数值特性不同的子算法:λ＝4 子算法即为 CR 算法;λ＝11.5 子算法的特征为条件稳定,且在满足稳定性的前提下,具有最高的计算精度。该算法的稳定性随着 λ 的增大而降低,λ≤4 的各子算法对于线弹性和刚度软化非线性结构都无条件稳定;λ≤4ω_n^2/ω_t^2 的各子算法对于刚度硬化非线性结构也能保证无条件稳定(ω_n 为结构自振圆频率;ω_t 为瞬时频率)。

Kolay 和 Ricles[46]通过改进广义 α 算法[47],提出了一种无条件稳定并且具有可控数值阻尼的 KR-α 算法。对于线弹性和刚度软化的非线性系统,KR-α 算法是无条件稳定的。数值阻尼的大小通过参数 ρ_∞($0<\rho_\infty<1$)控制,当 $\rho_\infty＝1$ 时,该算法退化为无数值阻尼的 CR 算法。研究表明[46,48]该算法中数值阻尼的引入对于单自由度体系的动力响应没有影响,但是能够有效抑制多自由度结构的高阶模态响应,有利于计算稳定性。

Chang[49]发展了一族有数值阻尼的显式算法。该算法为无条件稳定,具有二阶精度,同时其数值阻尼可以通过一个参数进行连续控制。数值算例表明对于 1000 自由度的结构,该算法计算所需时间仅为 CAAM 的 0.24%,具有显著的效率优势。

1.3.2.2　改进的隐式算法

隐式算法的优势在于无条件稳定,但是由于需要迭代求解,一直以来被认为不适用于 RTHS 的数值求解。诸多学者通过对算法进行一定的改进,将隐式算法成功引入到 RTHS 中。

（1）HHT-α 算法

HHT-α 算法[44]是一种应用较广的结构动力数值分析隐式算法。与显式算法不同的是,HHT-α 算法无条件稳定的同时能够引入可控的数值阻尼来消除高频模态的影响。但是在 RTHS 中,HHT-α 算法的求解需要迭代,同时迭代步数无法事先确定,因此有可能导致加载不精确,使得试验误差较大。Shing[50]提出了采用固定迭代时步技术来解决 HHT-α 算法在 RTHS 中的迭代问题。每一个子时步的命令位移通过之前子时步的恢复力计算得到;在最后一个子时步,通过对命令位移和恢复力进行修正来减小收敛误差。研究表明,固定迭代时步的 HHT-α 算法对于线弹性结构是无条件稳定的,并且能够得到较为精确且稳定的试验结果。

然而,受稳定条件的限制,固定迭代时步的 HHT-α 算法很难用于非线性结构及较大自由度的复杂结构的 RTHS。Chen 和 Ricles[51]分析了固定迭代时步的 HHT-α 算法下 RTHS 系统的稳定性,并提出了修正的固定迭代时步的 HHT-α 算法,以获得更大的失稳界限。

(2)算子分离法

在 PSD 试验中,算子分离法(operator-splitting method,OSM)能够提供显式且稳定的求解格式。但是在 RTHS 中,OSM 只能提供显式位移,因此当恢复力依赖于速度时,该算法实际上成为了隐式算法。

Combescure 和 Pegon[52]将 OSM 和 α 算法结合起来,提出了 α-OSM 算法。在 RTHS 中,α-OSM 算法对位移进行显式预测,使得算法的实现十分简单,类似于 Newmark 显式算法。α-OSM 算法对于线弹性结构系统来说是无条件稳定的,通过选择合适的 α 值,可以有效地抑制结构的高频响应。

Wu[53]对 OSM 进行了修正,采用预测位移进行前向差分来获得速度计算公式,使之变成显式算法,适用于结构非线性恢复力是速度依赖型的 RTHS。研究表明只要物理子结构的非线性刚度和阻尼为软化型,修正后的 OSM 都能保证无条件稳定。

(3)基于数字子时步反馈的 CAAM

CAAM 算法是 Newmark 系列中的一类子算法($\beta = 0.25, \gamma = 0.5$),该算法为隐式算法且在所有二阶精度算法中具有最低的频率畸变特性[54]。同时 CAAM 无数值阻尼,因此从精度的角度来讲是最理想的一种算法;但是在 PSD 试验中,由于试验误差的影响,CAAM 很容易导致失稳。

Bayer[55]发展了一种基于数字子时步反馈的 CAAM,并成功应用于数值子结构为航空工程中 4 自由度线弹性结构的 RTHS。在每一主时步的初始时刻计算得到控制命令的显式部分,并假定为斜坡函数,作为整个主时步加载命令的一部分;而与物理子结构反馈力相关的隐式部分在一个主时步内是变化的,因此采用子时步技术来获得该隐式部分并进行反馈,叠加到显式部分上去。

（4）等效力控制算法

Wu[56]提出了等效力控制算法，利用反馈控制原理来求解非线性运动方程。首先将隐式算法代入到动力方程中，写成如公式（1-2）的形式，R 为物理子结构反馈力，K_v 为虚拟刚度，F^e_{i+1} 方程右边即为等效力；将该方程的求解转换成控制系统的设计问题，即能够得到等效力控制系统进行 RTHS。在等效力控制算法中，等效力控制器是一个基于二阶传递函数描述的作动器-试件模型，采用传递函数来描述整个试验系统，可以消除隐式算法中的迭代计算过程。这种基于控制理论来简化系统算法的思路为 RTHS 研究提供了新的途径。

$$R(x_{i+1}) + K_v x_{i+1} = F^e_{i+1} \tag{1-2}$$

虽然无条件稳定的显式和隐式算法都已经在 RTHS 中得到广泛应用，但是由于振动台时滞的影响，RTHS 系统仍然存在稳定界限，存在失稳的可能，因此研究时滞条件下的数值算法稳定性和精度对于 RTHS 的算法选择具有重要意义。

1.3.3　时滞及时滞补偿算法

在 RTHS 中，目标位移通过加载器实时驱动振动台并获取反馈力进行下一步的计算。由于时滞效应，实际位移与目标位移不可避免地存在一定的滞后。RTHS 中时滞的来源可以分为三类[57]：①振动台等加载器动力特性引起的振动台时滞，其大小取决于加载器的机械精度等；②实时计算模块造成的延迟，即为计算时滞；③数据的高速实时传递中仍会存在一定的延迟，称为传递时滞。一般而言，RTHS 系统时滞主要指的是振动台时滞，Horiuchi[58]研究表明，时滞相当于给系统引入了负阻尼，会导致试验精度下降甚至系统失稳。

减小时滞负面效应的首要思路是进行时滞补偿。时滞补偿最直接的出发点在于"预测"，即根据已知状态量提前预测出时间间隔 τ 的位移，作为当前时刻的加载命令提供给控制器，如图 1.9 所示。另外，也可将时滞造成的误差看作控制系统误差的一部分，从控制系统的角度来对误差进行修正。下面根据假定时滞分别为常量和非常量对时滞补偿方法进行总结。

1.3.3.1　常量时滞假定

Horiuchi[58]提出了基于拉格朗日（Lagrange）多项式的补偿算法。多项式补偿是目前应用最为广泛的一种方法，如图 1.10（a）所示，该方法只适

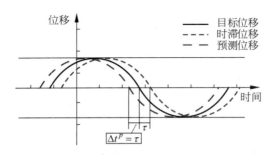

图 1.9   时滞效应与补偿示意图

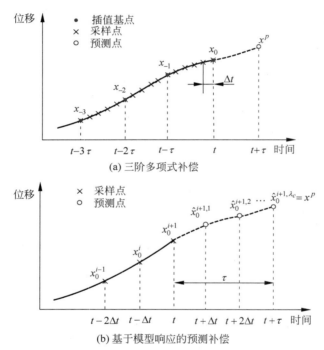

(a) 三阶多项式补偿

(b) 基于模型响应的预测补偿

图 1.10   三阶多项式补偿及基于参考模型的预测补偿法

用于时滞 τ 是计算时步整数倍的情况。结果表明多项式补偿会导致系统刚度和阻尼的变化,当 $\omega\tau$ 超出某一临界值时,系统阻尼仍会小于零,从而导致系统失稳;由于三阶多项式具有较大的临界失稳界限($\omega\tau = 1.571$),因此在后来的研究和应用中被广泛采用。

随后,Horiuchi[59]又提出了基于线性加速度假设的时滞补偿算法,其本质上是一种基于运动学公式的补偿策略。该方法首先通过如公式(1-3)

的加速度线性假定预测出当前时步的加速度,然后再根据 Newmark-β 法中位移计算公式(1-4)预测出 τ 时刻后的位移。研究表明该补偿算法比三阶多项式补偿更能提高系统的稳定性。

$$\ddot{x}_i' = 2\ddot{x}_i - \ddot{x}_{i-1} \tag{1-3}$$

$$x_i^p = x_i + \tau\dot{x}_i + \frac{1}{3}\tau^2\ddot{x}_i + \frac{1}{6}\tau^2\ddot{x}_i' \tag{1-4}$$

Ahmadizadeh[60] 提出了采用基于 Newmark 显式算法的位移预测补偿法(Newmark explicit prediction method,NEPM),直接采用 Newmark 显式算法中的位移计算公式及上一时步的位移、速度和加速度进行位移预测,如公式(1-5)所示,当时滞为 τ 时,预测的时间间隔为 $\Delta t + \tau$。研究表明该位移预测法能够有效地抑制高频噪音。

$$x_i^p = x_{i-1} + (\Delta t + \tau)\dot{x}_{i-1} + \frac{1}{2}(\Delta t + \tau)^2\ddot{x}_{i-1} \tag{1-5}$$

Carrio 和 Spencer[61] 提出了基于模型响应的预测补偿法(model-based delay compensation)。如图 1.10(b)所示,首先假定时滞是计算步长的整数倍,定义 $\lambda_c = \tau/\Delta t$;然后根据数值子结构的计算规模,假定一参考模型(自由度数较少时可以是原结构参数,自由度数较多时可以是只包含前几阶模态的简化结构),采用 CDM 的计算公式逐步计算参考模型的当前时刻之后的 $(1,2,\cdots,\lambda_c)\Delta t$ 的位移响应,并将 $\lambda_c\Delta t$(即 τ)时刻后的预测位移值作为当前时刻位移进行加载。该方法能够考虑结构特性和外部激励荷载的影响,特别适用于时滞量较大或者结构频率较高的情况。

有些学者也从控制理论的角度出发,提出了各种时滞补偿方法。Zhao[62] 提出了采用相位超前补偿法(phase lead compensator,PLC)来进行反馈力补偿。

Jung 和 Shing[63]、Jung[64] 和 Mercan[65] 先后采用离散微分前馈补偿法(derivative feed-forward compensator,DFC)来进行时滞补偿。DFC 假定每一时步的位移控制误差基本相同,因此每一个迭代步的预测位移等于当前时刻位移加上增益参数与上一计算时步的最后一个迭代步的位移控制误差的乘积。这种补偿方式的一个显著优点是当系统 PID 控制是基于作动器位移反馈并且结构位移是独立测量时,该方法能够同时修正支撑作动器的反力框架变形引起的误差。

Lee[66] 提出如图 1.11 所示的振动台逆传递函数补偿法来消除振动台响应时滞的影响,首先获得输入信号与测量的振动台加速度之间的传递函

图 1.11　逆传递函数补偿策略

数,然后通过 MATLAB 中的 invfreqs 函数来求得逆传递函数的表达式;输入信号经过该逆函数后再提供给振动台,就能够对振动台的动力学行为同时进行相位和幅值的补偿。

Chen 和 Ricles[67]提出了一个一阶离散逆补偿器来进行时滞补偿,该逆补偿器的本质是描述作动器运动特性的离散传递函数,其中假定时滞为常量,补偿方式与图 1.11 类似。

1.3.3.2　非常量时滞假定

Darby[68]研究表明作动器时滞在 RTHS 过程中是变化的,特别是当物理子结构的刚度由于非线性响应而发生变化时,这一现象尤为明显。因此,时滞在线预估方法被提出来减小时滞量未知带来的影响。Darby[68]提出时滞在线预估计算公式,该公式假定时滞大小等于常数比例增益乘以实际位移与目标位移的差值(同步误差)。Bonnet[69]改进了 Darby 的时滞在线估算公式,提出了一个更为简洁的格式,仅仅含有一个增益参数,试验表明改进的计算公式具有更好的补偿效果。

Wallace[70]提出了自适应向前预测算法来消除系统的时滞误差。算法中引入了初始预测参数和自适应调整参数,后者通过增益系数和计算位移与实测位移的同步误差来确定。

Wagg 和 Stolen[71]通过用数值子结构模型来代替标准参考模型,将自适应最小控制综合 MCS(minimal control synthesis)算法应用于 RTHS 来自适应地消除时滞影响,基本原理如图 1.12 所示。MCS 控制的优点在于参考模型算法在子结构中的适应性,同时该算法无需系统参数识别。研究表明当动力传递系统采用二阶振荡传递函数表达时,RTHS 系统是渐近稳定的。

Neild[72]通过一个单自由度系统的 RTHS 试验验证了 MCS 算法的时滞补偿性能,结果表明该控制算法并不适用于描述高阶数值子结构的动力学行为,并提出了相应的解决方案。Lim[73]对自适应 MCS 算法进行了改进,提出了基于 MCS 算法的自适应外环控制算法,当参考模型和传递系统

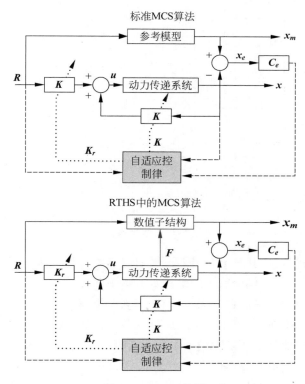

图 1.12 MCS 控制

动力模型中的初始增益参数接近 Erzberger 值时,RTHS 系统能够获得更好的试验结果。

Bonnet[74] 提出了基于修正命令的 MCS 算法模型来消除多线程策略的时滞误差,并通过 RTHS 分析比较了多种基于常量时滞假定的补偿算法和非常量时滞假定的补偿算法的效果。

Ahmadizadeh[60] 修正了 Darby[68] 提出的时滞预估算法,通过引入线性加速度外插格式来减小时滞量变化产生的误差。此外,还提出了一种基于反馈力修正的时滞补偿方法,如下图 1.13 所示。首先根据已知的位移和反馈力,采用二次函数拟合,公式如下:

$$\begin{cases} F(t) = a_F t^2 + b_F t + c_F \\ x(t) = a_x t^2 + b_x t + c_x \end{cases} \tag{1-6}$$

然后根据位移多项式,可以求得目标位移 x_d 所对应的目标时间 t_d 为

$$t_d = \frac{-b_x \pm \sqrt{b_x^2 - 4a_x(c_x - x_d)}}{2a_x} \tag{1-7}$$

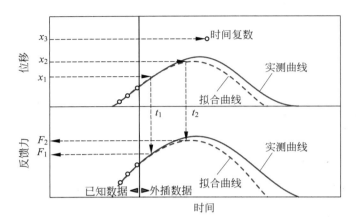

图 1.13　反馈力修正法

最后通过公式(1-6)中 $F(t)$ 的计算公式计算目标实际 t_d 下的目标反馈力 F_d 作为真实反馈力,提供给数值子结构进行下一步的计算。研究表明,该算法不需要准确地知道时滞量的大小,同时有利于提高试验的稳定性。

Chen 和 Ricles[75] 提出自适应的逆函数补偿法,通过引入跟踪误差指示参数来自适应地修正逆函数模型中的参数。一系列 RTHS 试验表明,即使预估的时滞初始值与真实值之间的误差较大,通过该方法的补偿,最终也能够得到较为满意的结果,因此该算法能够消除时变时滞及参数估计误差带来的影响。

Chae[76] 提出了基于自适应时间序列(adaptive time series,ATS)的补偿算法,如图 1.14 所示。在 ATS 补偿算法中,作动器的输入位移是作动器输出位移的时间序列表达式,表达式中的参数通过采用实时在线的线性回归分析使目标输入与输出之间的误差最小化而获得。与大多数自适应补偿算法不同的是,ATS 补偿算法不需要自定义的增益参数,这对于时变时滞和强非线性结构具有很好的适应性。和已有的线性化补偿方法相比,ATS 补偿算法能够得到更好的试验结果。

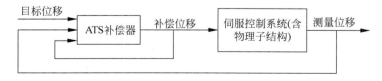

图 1.14　ATS 补偿算法示意图

Chen 和 Tsai[77]提出了同时进行 PLC 和恢复力补偿(restoring force compensator,RFC)的双补偿策略(图 1.15):通过引入离散域的逆函数模型来实现外环前馈-反馈的相位超前校正,其中采用基于梯度算法的自适应法则来实时估计系统时滞;由于该二阶 PLC 会使高频的命令信号产生放大效应,因此提出 RFC 来提高结构在高频荷载作用下的试验精度,模型中采用了滑动平均切向刚度来替代物理子结构的瞬时刚度。

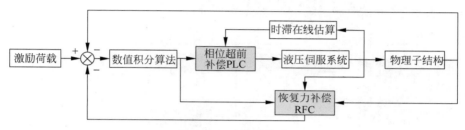

图 1.15　双补偿策略

Wu[78]提出了一种基于时滞上限的时滞补偿算法,其中位移通过时滞上限进行过补偿,然后通过一个优化过程寻找理想位移对应的实测力作为反馈力,进行下一步的计算。该方法具有适应时滞量变化,提高系统稳定性的优点。

Stehman 和 Nakata[79] 提出采用无限脉冲响应(infinite-impluse-response,IIR)补偿器来补偿 RTHS 中的时滞及控制器-结构相互作用 CSI (controller-structure interaction)。IIR 补偿器包含一个内环位移跟踪传递函数的逆模型,但对传递函数的多项式无阶次限制,试验结果表明该补偿器在 CSI 强烈时具有高效的补偿精度。

Gao[80]提出了外环的 H_∞ 回路成形控制策略来提高 RTHS 系统的稳定性和试验精度。当物理模型的动力特性不确定时,该策略有利于提高 RTHS 的鲁棒性。

其他方法还有 Smith 预测[30,81]、虚拟耦合法[82]、过零检测法[69]等。总体来讲,时滞补偿方法的发展经历了常量时滞假定-非常量时滞假定-自适应时滞补偿三个阶段。目前最常用的时滞补偿方法仍然针对的是计算时步和时滞量都比较小的情况,当这两个时间量增大时,原有时滞补偿方法的精度及适用性需要重新评价。

1.3.4　时滞稳定性分析

时滞是 RTHS 系统中不可避免的一个不利因素,它会影响到试验精度甚至导致系统失稳；尽管考虑了时滞补偿，RTHS 系统仍然不能实现绝对稳定，因此 RTHS 系统的时滞稳定性也是亟待研究和解决的关键问题。

由于 RTHS 系统是一个如图 1.16 所示的连续-离散混合系统[83]：数值求解部分属于离散时间分量；而物理模型的响应及振动台的加载运动本质上是连续时间分量。建立一个时滞分析模型来完全描述 RTHS 系统的混合时间特性是比较困难的，因此根据分析目的的不同，分别假定 RTHS 系统为连续或者离散时间系统，进行稳定性评价。

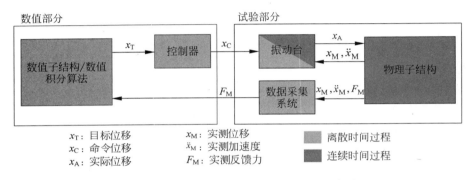

图 1.16 RTHS 的连续-离散时间分量示意图

在连续时间假定方面，Horiuchi[58]利用能量平衡法对单自由度结构系统下的时滞影响进行了研究。结果表明时滞相当于给试验系统引入了负阻尼，如果负阻尼的数值超过了系统的固有阻尼，那么系统的总阻尼将小于零，从而导致系统失稳。这一时滞失稳机制也成为时滞效应的一般性结论。

Horiuchi 和 Konno[59]通过检查一个质量块模型的开环传递函数的增益来判定失稳界限，结果表明物理子结构的质量必须小于数值子结构的质量才能保证系统稳定。

Wallace[84]提出了时滞微分方程来研究 RTHS 系统的稳定性，对于单自由度体系，该模型能够给出临界时滞的表达式；而对于复杂结构，文中建议采用一种数值分歧分析工具来获得临界时滞。

Mercan[85,86]分析了多源时滞下的单自由度及多自由度 RTHS 系统的时滞稳定性，提出采用拟时滞技术来寻找时滞稳定界限。

Chi[87]提出了基于连续根轨迹法的时滞稳定性分析模型，采用 Pàde 逼近来近似表达时滞，以单自由度系统为例，分别探讨了质量、刚度和阻尼子结构时的失稳机理。同时还进一步分析了多自由度系统的时滞稳定性，并考虑了多项式预测补偿算法对稳定界限的影响，研究表明多项式预测补偿在某些条件下反而会降低系统的稳定界限。周孟夏[88]利用连续根轨迹法对数值子结构为有限元模型的 RTHS 系统进行了时滞稳定性分析。

在离散时间假定方面,Wu[37]通过分析放大矩阵的谱半径发现作动器时滞会降低数值积分算法的稳定性。Wu[78]分析了基于 LSRT2 算法及不同时滞补偿算法时对单自由度系统的时滞稳定性的影响。

Igarashi[89]对考虑了 Newmark 显式算法的 RTHS 系统进行了时滞稳定性分析,通过判定传递函数极点位置的方法来获得稳定界限。Chen 和 Ricles[67]利用相同的方法来判定考虑了 CR 算法和 Newmark 显式算法的单自由度 RTHS 系统的稳定性,结果表明时滞会使无条件稳定的算法在 RTHS 系统中变成条件稳定。随后,Chen 和 Ricles[90]对两自由度结构分析了多作动器下多源时滞的 RTHS 系统时滞稳定性。

基于离散时间域的时滞稳定性分析的优点在于能够考虑数值积分算法及基于离散格式的时滞补偿方法对系统稳定性的影响。但目前的模型不能全面地考虑各项因素的影响,得到的理论失稳界限仍然存在误差。

1.3.5　非线性数值子结构的求解

在常规 RTHS 中,数值子结构一般都是整体结构中的线弹性部分。但是在实际工程中,结构各个部分都可能存在非线性响应。由于试验设备的限制,不可能对所有非线性的局部结构都进行物理试验。因此,非线性数值子结构的求解问题不可避免。

由于物理子结构和非线性数值子结构的相互作用,基于固定结构参数的数值子结构模型可能会造成二者之间的响应不协调,最终引起响应失真。因此,非线性数值子结构求解的关键问题在于如何精确地模拟数值子结构。混合试验中常用的模型修正(model updating,MU)技术[91,92]是解决这一问题的主要途径。RTHS 中的 MU 需要实时、在线进行,称之为在线 MU (online model updating)[93]。在线 MU 的一般思路是:①确定一套相对较为准确的数值子结构参数来建立数值子结构模型,启动 RTHS;②随着试验的进行,如果原有模型无法进行精确模拟,则启用在线 MU 程序,通过模型参数识别获得新的结构参数,来对数值模型进行更新,直至试验结束。图 1.17 给出了在线 MU 的示意图。

关于 MU 的研究大多集中在非实时混合试验方面,Yang[92]最早提出采用 MU 技术来进行非线性数值子结构的求解。Yang[92]采用神经网络,根据试验数据对结构参数进行在线训练和识别。

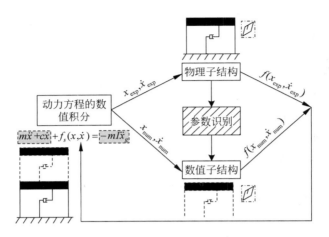

图 1.17　RTHS 中在线 MU 示意图

Wang[94] 提出了采用最小二乘法对防屈曲钢支撑阻尼器的双线性滞回模型进行参数识别及 MU。

Elanwar[95] 采用遗传算法对混合试验中数值子结构的材料本构模型进行识别。

Wu[96] 提出了基于无迹卡尔曼滤波器(unscented Kalman filter,UKF)的截面本构模型参数识别算法,并通过一个足尺的钢框架混合试验进行了算法验证。

在 RTHS 方面,在线 MU 技术的研究是一个新的课题。实时的在线 MU 对于 RTHS 系统的稳定性和精度都可能存在影响。Wang[97] 采用约束 UKF 算法来解决模型参数中可能存在的无界收敛问题,提高 RTHS 的试验精度。

Song[91] 首次提出了基于在线 MU 的 RTHS 试验平台,包括实时计算环境、在线模型修正算法和试验硬件设备等。文中以 UKF 作为在线 MU 算法,分别对一个非线性层间剪切结构和一个 MR 阻尼器的非线性参数进行在线识别;一系列 RTHS 试验验证了该算法的精度。Song[98] 开展了 UKF 在修正 Boun-Wen 滞回模型的参数识别中的精度性能研究,并进行了相应的数值模拟和 RTHS 试验验证。

Shao[93] 提出了基于 UKF 在线 MU 算法来进行 Boun-Wen 滞回模型的参数识别。文中通过一个三层钢结构模型的 RTHS 试验验证了该算法的精度,并给出了该算法应用于 RTHS 试验时的建议步骤。

1.3.6　试验应用

近 20 年来,随着上述 RTHS 各个研究难点的突破,RTHS 在试验及工程应用方面取得了重大进步,具体表现在以下方面。

1.3.6.1　数值子结构的大规模化

Nakashima 和 Masaoka[99]进行了简谐荷载下的 RTHS:当响应频率不超过 3Hz 时能够对 10 个自由度结构获得较好的 RTHS 结果;当响应频率不超过 2Hz 时能够对 12 个自由度结构获得较好的 RTHS 结果。

Horiuchi[58]完成了一个安装了能量吸收器的管路系统的 RTHS,其中数值子结构为管路系统,采用 17 个节点,16 个梁单元进行模拟,物理子结构为能量吸收器。

Blakeborough[100]提出了显式缩减模态法对 50 个自由度的塑性模型进行了 RTHS,其中采用 3 个弹性模态和 6 个塑性模态实现数值子结构的非线性动力分析。

Shing[50]构建了快速混合试验(fast hybrid test,FHT)系统对一个拥有 15 个梁柱单元的结构进行了 RTHS。

Wang[101]利用 RTHS 首次研究了 SSI 问题,文中采用栾茂田和林皋[102]提出的集总参数模型来模拟半无限地基。

闫晓宇[103]对一座四跨连续高架桥梁进行了考虑 SSI 效应的 RTHS 研究。文中将地基作为数值子结构,采用彭津模型进行模拟,考虑不同土体剪切波速的影响;而将四跨连续高架桥梁按照 1∶10 的比例制作物理模型进行试验,详细分析了 SSI 对大跨度连续桥梁地震响应的影响。

Günay[104]对一个三维钢支撑结构及安装在其上方的 230kV 垂向电气隔离开关设备进行了 RTHS,试验以其中一个绝缘子作为物理子结构,而其他部分作为数值子结构,其中三维支撑结构的自由度为 223 个。

而近年来,有限元方法逐步被引入到 RTHS 中,大大扩展了数值子结构的模拟能力。Karavasilis[105]编写了可独立编译的基于 MATLAB 的有限元程序"HybridFEM",用于 RTHS 的数值模拟。随后,Chen 和 Ricle[90]完成了 122 个自由度的数值子结构的 RTHS 试验;Chae[76]采用 HybridFEM 模拟了具有 514 个自由度的抗弯框架和耗能支撑框架组合结构。

Saouma[106]编写了适用于 PSD 试验和 RTHS 的有限元程序 Mercury。Mercury 有 MATLAB 和 C++两个版本,采用第三方优化矩阵求解器来提高计算速度。基于 Mercury,Saouma[107]对 405 个自由度的高度非线性钢筋混凝土框架进行了 RTHS。

Zhou[108]编写了基于 S-function 的有限元 Simulink 模块。由于用户自定义的 Simulink 模块与其他已有的 Simulink 模块完全兼容,因此相比于 Mercury 和 HybridFEM,不需要定义试验单元等来协调。通过对 132 个单元的半无限地基数值子结构的 RTHS 验证了该方法的精度和效率。随后,周孟夏[109]还采用该有限元程序进行了考虑行波效应的 RTHS 研究。

1.3.6.2　多点加载

Darby[68]首次采用 RTHS 研究了多点输入问题,研究结构为一个单层框架,其中右侧立柱和横梁作为数值子结构,而左侧立柱作为物理子结构,采用两台作动器进行线位移和角位移的同时加载。

Wallace[110]也进行了双作动器加载下的 RTHS,研究表明多作动器下,作动器之间相位差引起的相互作用可能会导致共振问题的出现。

Chen 和 Ricles[90]对一个安装了 MR 的两层抗弯钢框架结构进行了 RTHS,试验中对两个 MR 分别采用两个作动器进行加载。研究表明作动器时滞对于多物理子结构的 RTHS 尤为重要,必须尽可能对每个作动器的时滞进行精确的补偿。

Wang[111]对坐落在一半无限地基上的两个独立单层框架进行了考虑 SSI 的双振动台 RTHS,并考虑了行波效应、人工黏弹性边界等对结构动力响应的影响。

周孟夏[14]对一双塔楼结构进行了考虑 SSI 的双振动台 RTHS 试验,其中两塔楼之间进行刚性连接,文中比较了刚性连接在不同楼层时整体结构的响应差别。

1.3.6.3　结构非线性行为研究

RTHS 的一大优势在于通过合适的子结构拆分,能较好地研究整体结构中各种减震措施的非线性行为。

Wu[112]基于 RTHS 研究了磁流变阻尼器(magneto-rheological,MR)对海洋平台结构的减震效果。Christenson[82]对安装 MR 的三层框架结构进行了 RTHS,研究 MR 在结构半主动控制中的减震作用。

Dong[113]进行了大型钢结构-非线性黏滞阻尼器系统的 RTHS,并考虑了不同子结构拆分形式对系统动力响应的影响。不同于以往 RTHS 中采用作动器行程作为反馈,文中采用物理子结构的实测位移作为数值模型的反馈,来提高试验精度。

Chen[114]对一个设置了智能隔振的两层建筑进行了 RTHS。文中把上层结构和低阻尼的基座隔振器作为数值子结构进行数值模拟,而将 MR 进行物理试验。对于 MR,分别考虑了在恒定电压,LQ 算法和模糊算法控制下的减震性能。关于 MR 的 RTHS 研究还可以参考文献[82,115,116]。

Xu[117]以一个三层 Benchmark 框架为被控对象,对主动质量驱动(active mass drive,AMD)控制系统进行了足尺的 RTHS,通过和数值模拟的结果对比,验证了 AMD 控制性能的可靠性和稳定性。

Mosalam[118]采用 RTHS 技术研究了垂向电气隔离开关设备在地震作用下的动力响应,其中支撑结构采用单自由度进行数值模拟,而具有率相关特性的聚合物绝缘子作为物理子结构进行试验。

Günay[104]基于上述 RTHS 系统,分析了支撑结构在不同刚度和阻尼条件对整体结构动力响应的影响,其中将两种不同材料的绝缘子作为物理子结构进行试验。

袁涌[119,120]通过采用速度控制型的 RTHS 系统研究了隔震桥梁中不同类型的橡胶支座对桥梁地震响应的控制效果。

Calabrese[121]采用 RTHS 研究了安装再生橡胶纤维增强隔震支座的一个两层结构的地震响应,并和足尺模型的常规振动台试验结果进行对比。

Lee[66]对三层框架-调谐液体阻尼器 TLD 系统进行了 RTHS。文中将 TLD 作为物理子结构,而框架结构进行数值模拟;和相应的常规振动台试验结果对比表明,RTHS 既能达到较高的试验精度,又能节约试验成本。Sorkhabi[122]也进行了 TLD 的 RTHS 研究,并详细分析了质量比等因素对 TLD 减震效果的影响。

Malekghasemi[123]提出了一种新的数值模型 FVM/FEM(finite volume method/finite element method)来研究 TLD 的减震性能,文中同时对安装了 TLD 的相应结构进行了 RTHS,作为参照结果来验证数值模型的准确性。

迟福东[83]研究了考虑液体非线性的渡槽结构动力响应,并根据 RTHS 试验结果对 Hounser 模型进行了修正;最后以地基-渡槽结构为例,采用 RTHS 研究了土-结构-流体相互作用。

周孟夏[14]以溪洛渡水电站制冰楼为研究对象,通过原型试验及 RTHS 研究了安装 TLD 后对制冰楼的减震效果。

桂耀[124]和 Wang[125]利用 RTHS 技术研究了不同建筑结构和位于溪洛渡水电站的一座制冰楼在安装 TLD 后的减震效果,并研究了关键参数对减震效率的影响。

综上,可以看出 RTHS 在应用方面的发展趋势是:研究结构的大规模化,子结构拆分和加载方式的多样化,以及局部结构非线性研究的深入化。

1.4　调谐液柱阻尼器

建筑结构在强风、地震等动力荷载作用下的响应一直是土木结构设计中重点考虑的问题,因此各种振动控制技术也相继被广泛应用于实际结构工程中。从控制方法的角度分类,结构控制技术可分为如图 1.18 所示的被动、半主动、主动控制,以及前三者组合的混合控制[6,126]。被动控制是一种相对较经济而且简易的控制技术,特别是其中的调谐类阻尼器,受到了结构控制领域的关注。

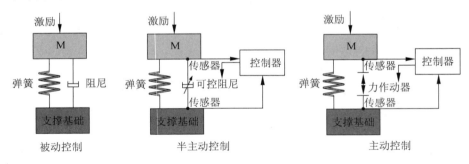

图 1.18　结构控制技术分类

TLD 是一种典型的被动控制技术,通常为矩形或者圆形水箱,通过调节水箱长度和水深来调谐结构频率;TLCD 是 TLD 的一种特殊形式。如图 1.19 所示,TLCD 的外形通常为盛满液体的 U 形管状或者矩形状容器,分为水平段和竖直段两部分,水平段通常设置阀门或者格栅,通过调节其开度来增加水头损失[7,8]。TLCD 主要通过容器内液体运动产生的惯性力和动力水头损失引起的阻尼效应来耗散能量。

由于本书研究重点在于 TLCD 的减震性能,这里不再对 TLD 研究成果进行赘述,相关研究内容可以参见文献[124]。下面主要介绍 TLCD 的

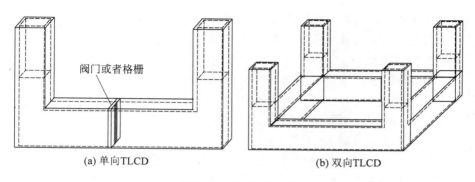

(a) 单向TLCD　　　　　　　　　　　(b) 双向TLCD

图 1.19　TLCD 示意图

已有研究成果。

1.4.1　数值与试验研究

Sakai[8]首次提出采用 TLCD 来抑制结构振动,通过试验得到了液体阻尼和阀门开度的对应关系,并对液体的阻尼力进行了非线性数学描述。

Xu[127]研究了 TLCD 在风振作用下的减震效果,选取一个多自由度集中质量模型作为被控结构。数值结果表明通过选择合适的 TLCD 参数可以获得与 TMD 相当的减震效果,同时忽略被控结构的高阶模态将会导致加速度响应存在较大误差。

Sadek[128]研究了单个 TLCD(single TLCD,STLCD)和多个 TLCD(multiple TLCD,MTLCD)进行单阶频率振动控制的参数优化问题,给出了单个 TLCD 工作的最优质量比,TLCD 宽度与总长度的最优比、最优水头损失系数,以及 MTLCD 工作下的最优中心调谐频率、调频宽度等参数。研究结果表明 MTLCD 的减震效果略好于 STLCD,同时 MTLCD 在结构参数估计存在误差时的控制鲁棒性明显优于 STLCD。

Gao[7]推导了结构-非均匀截面面积的(水平截面面积和竖直截面面积不相等)STLCD 控制系统的动力方程,研究了不同频段正弦激励下的参数优化问题。结果表明增大竖直截面和水平截面面积的比值可以显著减小 TLCD 所需长度,使得 TLCD 在实际工程中具有更广泛的适用性。最后该文还提出了一种 V 形的 TLCD,数值研究表明 V 形 TLCD 能有效地减弱高层结构的强烈振动。

Gao[129]推导了 MTLCD 控制下的结构-MTLCD 系统动力方程,并进行了相关参数影响分析。

Yalla[130]采用等效线性化技术，提出了一种计算 TLCD 在风振及地震荷载作用下的优化水头损失系数的方法，同时还给出了 MTLCD 系统的优化阻尼计算公式。

Di Matteo[131]采用基于统计的线性化技术，提出了计算 TLCD 等效线性阻尼的直接法。Di Matteo[132]通过试验证明了该方法的有效性。

Colwell[133]采用数值和试验结合的方法比较了 TLCD 采用不同液体（水、乙醇和磁流变液）时的等效阻尼效应。

Hochrainer 和 Ziegler[134]通过将 TLCD 垂直段开口封闭施加预设气压，发展出一种新型的 TLCD，称为 TLCGD（tuned liquid column gas damper）。TLCGD 的优点在于通过调节垂直段的气压，使得频率范围更广，提高了适用能力。Mousavi[135]采用数值模拟方法研究了 TLCGD 在不同激励荷载下的减震效果。Dezvareh[136]进一步研究了 TLCGD 应用于导管架海洋平台风振和波浪振动下的减震性能。Shum[137]采用有限元（finite element，FE）法研究了大跨度斜拉桥的多 TLCGD 的风振控制。

Xue[138]首次研究了 TLCD 用于控制结构纵摆运动时的减震问题。理论模型及物理试验表明 TLCD 能够有效地减弱结构纵摆运动时的振动。

Shum[139]开展了 STLCD/MTLCD 控制结构扭转振动的试验研究，结果表明在相同水体质量下，MTLCD 控制效果优于 STLCD，并且前者具有更好的鲁棒性。

Colwell[140]研究了海上风力发电机-TLCD 系统在风力和波浪作用下的减震效果。研究表明通过安装 TLCD 减震，风力发电机加速度响应峰值减少了 55%；同时疲劳分析结果表明 TLCD 能够提高结构的疲劳寿命。

Min[141]对一个安装了调谐液体质量阻尼器（tuned liquid mass damper，TLMD）的五层钢结构足尺模型进行了试验，TLMD 外形与 TLCD 完全一致，区别在于将 TLMD 安装时与振动台激振方向成一定的角度，这时候 TLMD 在沿激振方向上可以看作是 TLCD，而在垂直激振方向上可以看作是 TMD。试验结果表明在两个方向上能够获得 TLCD 和 TMD 独立工作的控制效果。

Rozas[142]提出了一种新型的双向 TLCD（bidirectional TLCD，BTLCD）来实现两个水平方向的减震控制。结果表明该类 BTLCD 具有显著的减震效果；同时，相比传统的单向 TLCD，所需的液体质量也明显减小。

上述研究都把 TLCD 作为一种被动控制装置，为了充分发挥 TLCD 的减震能力，诸多学者对 TLCD 进行了一定的改进，将之发展成为半主动控

制的 TLCD(semi-active TLCD,S-TLCD)或者混合控制的 TLCD。Abe[143]
和 Yalla[144] 采用半主动控制的方式来调节 TLCD 阀门的开度以实时获得
最优阻尼,并比较了不同控制策略下 S-TLCD 的控制效果。这一控制模式
随后也成为 S-TLCD 的主要应用形式之一。霍林生[145] 提出了变刚度的
S-TLCD 减震系统,通过设置可调谐弹簧来适时调整 TLCD 的频率,从而
扩宽 TLCD 的可控频带,改善减震效果。李宏男[146] 利用 BP 神经网络来控
制格栅孔洞的面积,从而实现 TLCD 阻尼比的半主动控制。孙洪鑫[147,148]
研究了半主动控制的磁流变式 TLCD 在不同控制策略下抑制结构地震作
用的效果,结果表明该 S-TLCD 的控制效果优于被动控制。Altay[149] 提出
了一种新型的频率可调 S-TLCD,通过将 TLCD 竖直部分改进成截面面积
可调的形式,使得 TLCD 的自振频率可以随时改变,以适应结构在动力作
用下自振频率的变化,试验和数值计算皆表明该 S-TLCD 对于频率变化具
有很好的适应性,控制效果显著。此外,Kim[150] 研究了黏性流体阻尼器-
TLCD 混合控制对 76 层 Benchmark 结构的风振控制问题,研究表明混合
控制的减震效果明显优于 S-TLCD 控制。

从上述研究成果可以看出,目前研究 TLCD 减震性能的主要手段还是
数值模拟,很少涉及试验研究。这是因为对于常规振动台试验,结构-
TLCD 整体系统一般需要进行缩尺,导致 TLCD 的非线性行为失真。因
此,通过足尺 TLCD 试验深入认识 TLCD 的动力特性是 TLCD 研究方向的
重要目标。

1.4.2 工程应用

在 TLCD 应用方面,日本 Higashi-Kobe 斜拉桥通过安装 TLCD 来控
制桥塔在风振作用下引起的振动。日本东京的 Hotel Sofitel 为 26 层的结
构,通过在顶部安装周期调节装置(PA)的 TLCD 系统来进行减震[151]。该
系统如图 1.20 所示,包括一个液体可以双向运动的 U 形的矩形截面
TLCD,一对空气室及 4 个 PA,有效总重量为 51t,其中有效液体质量为
36t。TLCD 中的液体可以在水平方向运动,4 个 PA 分别安装在 TLCD 水
平部分上方的四个角。监测结果表明该系统控制下的加速度峰值减少了
50%~70%,加速度 RMS 减少了 50%。

位于美国纽约州的高 205 m 的 Random House Building 是美国第一座
安装了 TLCD 阻尼器系统的高层结构[152]。该 TLCD 阻尼器系统由两个 U
形相互垂直的 TLCD 单元组成,质量分别为 290t 和 430t。研究表明,安装

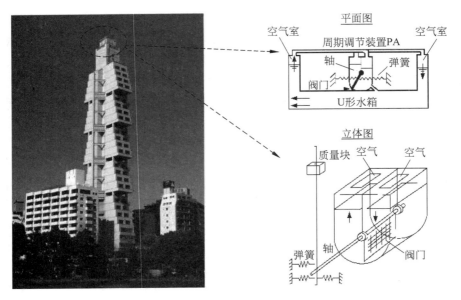

图 1.20　TLCD 应用于 Hotel Sofitel 减震控制

TLCD 后，该大厦在风振作用下的最大响应能够降低 40% 左右，并且经济成本比相应的 TMD 方案低。

位于加拿大温哥华的 One Wall Centre Tower 在楼顶安装了两个体积为 183m³ 的 TLCD[153]，用于抑制结构的风振响应。

美国 308m 高的 Comcast Center 大厦安装了目前世界上最大的单向 TLCD 来进行风振控制（图 1.21），结构形式为混凝土双腔式，所用水的总质量为 1300t。

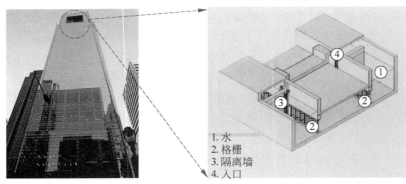

图 1.21　Comcast Center 大厦的 TLCD 减震系统

1.5 本书的主要工作与创新点

1.5.1 本书的主要工作

本书围绕扩大 RTHS 试验的数值子结构计算规模展开,研究内容如图 1.22 所示,主要包括基于双目标机的 RTHS 系统构建及验证,新型时滞补偿算法的提出及应用,基于离散根轨迹法的多自由度结构 RTHS (MDOF-RTHS)系统时滞稳定性分析,不同显式算法在时滞 RTHS 系统中的稳定性和精度比较,RTHS 技术在 TLCD 和 TLD 减震性能研究中的应用等五部分:

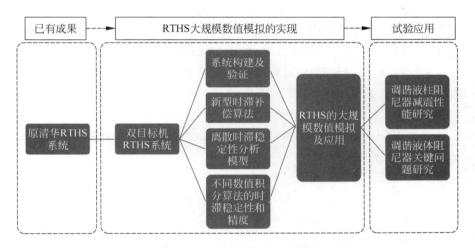

图 1.22 本书研究内容框架

第一部分,在原有清华大学有限元-振动台 RTHS 系统的基础上,采用任务分解策略构建了基于双目标机的 RTHS 系统,通过采用不同计算时步对数值子结构求解进行任务分解,实现了较大规模有限元数值子结构的求解。最终,通过数值模拟和 RTHS 试验对该系统的计算精度和能力进行了验证。

第二部分,针对双目标机 RTHS 系统中由于附加时滞引起系统总时滞增加的问题,提出了基于双显式数值算法的时滞补偿算法,进行大时步、大时滞条件下的时滞补偿。通过和其他常用时滞补偿算法进行理论和试验应用的精度对比,验证了新时滞补偿法的精度及可靠性。

第三部分,基于离散根轨迹法提出了 MDOF-RTHS 系统时滞稳定性分析模型,全面考虑数值积分算法、计算时步、多源时滞、时滞补偿等因素的影响;并利用该模型分析了不同数值积分算法在时滞 RTHS 系统中的稳定性和精度的变化。最后通过考虑单源/多源时滞的有限元地基-钢架及双层钢架的 RTHS 试验验证了理论稳定性和精度结论的准确性;给出了 RTHS 中算法选择的初步建议。

第四部分,将改进的双目标机 RTHS 系统应用于调谐液柱阻尼器 TLCD 减震性能的研究。以单自由度结构-TLCD 系统的 RTHS 试验验证了 RTHS 在 TLCD 试验中的精度,进而分析了质量比、结构阻尼比、结构刚度变化率、峰值加速度等因素对 TLCD 减震性能的影响。进而以具有实际工程意义的九层 Benchmark 钢结构作为被控结构,对足尺的 STLCD 和 MTLCD 进行单、多阶振型响应控制下的 TLCD 减震效果进行了 RTHS 试验对比,同时考虑了 SSI 及地基辐射阻尼效应对 TLCD 减震性能的影响。

第五部分,采用 RTHS 对调谐液体阻尼器 TLD 减震控制中物理模型的尺寸效应及数值模型的模拟精度等关键问题进行了研究。首先通过 RTHS 试验验证了描述 TLD 动力行为的非线性刚度-阻尼模型的精度,然后进行了 TLD 的尺寸效应和质量比尺效应研究,最后对比了 TLD 和 TLCD 减震性能的差别。

1.5.2 本书的创新点

本书的创新点可以总结如下:

(1)基于任务分解策略构建了双目标机 RTHS 系统,并提出了基于双显式算法的时滞补偿法,实现了最大自由度为 1240 的有限元数值子结构的 RTHS,将原有数值子结构规模提高了一个数量级。理论、数值及 RTHS 试验表明新构建的 RTHS 系统初步具备了大规模数值子结构模拟计算的能力,基于双显式算法的时滞补偿算法在计算时步和时滞都较大的情况下能显著提高 RTHS 精度。

(2)建立了基于离散根轨迹法的时滞稳定性分析模型,分析了 MDOF-RTHS 系统在结构参数、数值算法、时滞及时滞补偿算法影响下的稳定性,并以考虑有限元数值子结构和单源/多源时滞的 RTHS 试验验证了理论时滞稳定性分析的精度;比较了不同显式数值积分算法在时滞 RTHS 系统中的稳定性和精度,为 RTHS 的算法选择提供依据。

（3）提出了足尺 TLCD-结构-地基系统的 RTHS 试验方法及 MTLCD 多阶振型响应控制的思路，基于双目标机 RTHS 系统，研究了 TLCD 进行单阶/多阶振型响应控制的减震性能；分析了 TLCD 设计参数、SSI 和地基辐射阻尼效应等对 TLCD 的减震效果的影响。此外，研究了 TLD 数值模型的模拟精度，以及 TLD 物理模型的几何尺寸效应和质量比尺效应对减震性能的影响，对比了 TLD 和 TLCD 在控制相同结构时的减震性能优劣。研究成果为 TLD/TLCD 的优化设计提供了依据。

第 2 章 基于双目标机的 RTHS 系统 构建及验证

2.1 引 论

RTHS 系统中加载设备控制器的加载频率都比较小,通常为 1024Hz 或者 2048Hz,受限于实时计算的要求,数值子结构的计算也必须采用与加载频率一致的时间步长(如 1/2048 s)来求解。因此,数值子结构的计算规模通常都比较小。

提高数值子结构计算规模的主要途径包括:①RTHS 试验系统的改进;②高效数值积分算法的提出;③FE 法的引入;④并行计算等。并行计算是目前进行大规模计算的重要途径,但是由于目前基于 xPC Target 的实时计算平台尚不能支持并行计算,这方面仍有一定的难度。

本章基于任务分解策略,构建了基于双目标机的 RTHS 系统,阐述了系统总时滞的变化,然后通过数值模拟和自由度为 1240 的 FE 数值子结构的 RTHS 试验验证了该系统的计算能力和精度。由于计算时步和时滞的扩大,使得系统总时滞增大;因此,提出了基于双显式数值积分算法的位移预测法进行时滞补偿,最终通过一个三层框架结构-FE 地基系统模型对该补偿法进行了 RTHS 验证。

2.2 清华大学 RTHS 系统

清华大学振动试验室于 2008 年建立了如图 2.1 所示的双振动台 RTHS 试验系统,融合了 FE 实时计算平台、高性能液压振动台加载及控制系统、高精度数据采集及传输平台等,能够进行一定计算规模的 RTHS[14,83,124,154]。下面简要介绍该系统的组成。

分布式实时计算子系统采用 MATLAB 的 xPC Target 工具箱建立的分布式实时计算环境来实现,如图 2.2 所示。首先通过宿主机(host

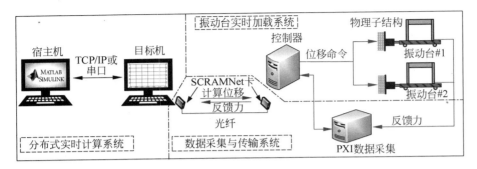

图 2.1　清华大学双振动台 RTHS 系统

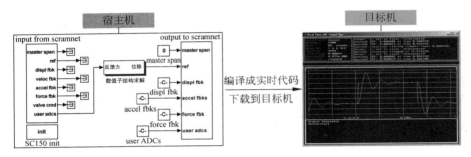

图 2.2　分布式实时计算示意图

computer)建立 Simulink 计算模型,然后编译成可执行的实时代码,下载到目标机(target computer)中进行实时计算。目前该子系统能够实现二维实体单元的 FE 数值模拟;同时引入了高效的新型显式 Gui-λ 算法[45],大大提高了计算效率和精度。

振动台实时加载系统由 MTS 提供的两个性能相同的单向液压振动台及 469D 数字控制器组成,每个振动台由一个水平向的液压缸作动驱动,能够提供的最大作动力为 42kN(9.5kip)。振动台照片及相关性能参数如图 2.3 所示。

469D 数字控制器提供了位移、速度、加速度的三变量控制模式(three-variable control,TVC),当选定某一变量为主要控制模式时,其他两个控制变量只是作为辅助的补偿控制信号来提高控制系统的稳定性。TVC 的内部结构如图 2.4 所示。在参考信号端,参考信号生成器将理想的位移、速度或者加速度信号转化成参考状态量;同时在反馈端,位移、加速度和力传感器采集到的反馈信号通过反馈信号生成器转化为反馈状态量,其中力传感

台面尺寸：1.5m×1.5m

最大承重：2t

最大加载位移：±200mm

最大加速度：满载3.6g／空载1.2g

荷载频率范围：0~50Hz

图 2.3　MTS 双振动台

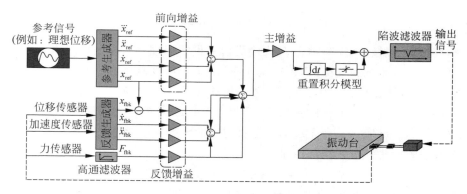

图 2.4　三变量控制示意图

器的结果还需要进行高通滤波,消除静力成分;然后参考状态量和反馈状态量分别通过前向和反馈增益进行加权求和,最后对信号进行积分及通过陷波滤波器来消除油柱共振频率,得到振动台的实际驱动信号。需要说明的是,试验中只能选择一个控制变量作为 TVC 主控变量,而其他两个控制变量用作补偿信号来提高试验的阻尼效应和稳定性。RTHS 试验中,最常用的控制模式为位移控制。

Günay[155]研究了 TVC 对于提高 RTHS 试验精度的有效性,结果表明TVC 能够显著提高加速度响应的精度。

数据实时采集传输子系统由数据实时采集平台和实时数据传输网络组成,如图 2.5 所示。数据实时采集平台由 NI 提供的 PXI 设备及 LabVIEW软件组建,其中通过 LabVIEW 的 Real-Time Module 构建 RT 前端-终端系统,可以保证数据的实时采集。PXI 设备通过 SCXI-1001 机箱提供传感器

(a) PXI 设备

(b) SCRAMNet GT200

图 2.5　PXI 设备及 SCRAMNet 卡

标准接口,以及 SCB-68 针屏蔽式接线盒提供非标准接口通道。SCXI-1001
机箱包括 3 个加速度接线盒(每盒 8 通道),6 个应变接线盒(每盒 8 通道)。
SCB-68 接线盒包括了 16 个自定义采集通道及 4 个模拟输出通道,其中前
者用于非标准接口的传感器采集,后者用于 RTHS 中将实测反馈力提供给
数值模型。同时振动台系统通过自身内置的传感器也能够进行振动台台面
位移、速度、加速度及力的测量。

　　数据的实时传输通过 SCRAMNet 卡实现。SCRAMNet 卡已广泛应
用于虚拟现实、实时应用等领域,基于复制共享内存的概念,可以实现超高
速率、超低延迟、跨计算平台下的实时数据传递。新一代的 SCRAMNet
GT200 数据传递速度为 1.2Gbit/s,数据吞吐量为 210MB/s。每个环支持
拥有 255 个节点,每个节点有 128MB 的共享内存,节点间时滞为纳秒数
量级,基本可以忽略。在 RTHS 系统中,目标机和 MTS 控制器中各安装
一块 SCRAMNet 卡,两卡之间通过光纤连接;SCRAMNet 卡提供支持
MATLAB/xPC Target 数据读写的第三方驱动程序,可以方便快速地实现
目标机与控制器之间的数据通信。

2.3　双目标机 RTHS 系统构建

　　在以往的 RTHS 试验中,数值子结构的计算规模都非常小,通常只有
几个到几十个自由度。主要的原因有:①实时一般指的是硬实时,即数值
子结构的计算必须在规定的计算时步内完成,否则试验失败;②常规的

RTHS 系统中数值子结构的计算时步和加载设备的加载时步保持一致,因此只有较少自由度的数值子结构才能在如此小的计算时步内完成计算。

2.3.1　数值子结构计算的任务分解策略及应用

数值子结构计算的任务分解策略最早由 Nakashima 和 Masaoka[99] 提出,其原理是将数值子结构的计算分解成两部分(图 2.6):其中动力响应分析采用较大计算时步进行求解,称为响应分析任务(response analysis task,RAT);而为了协调计算位移与振动台加载频率,增加了一个信号生成任务(signal generation task,SGT),将计算位移进行插值处理,生成较小的时步位移进行加载。RAT 和 SGT 仅在一台目标机上同时进行。随后,这一类思路也被应用到 RTHS 隐式算法求解中,被赋予了"子时步技术"的概念。由于受当时计算机技术的限制,Nakashima[99] 仅能对最多 12 个自由度的结构进行数值模拟;同时 RAT 和 SGT 在同一台目标机上运行,并不能完全分担目标机的计算压力。

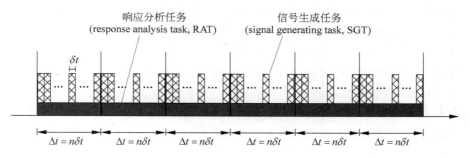

图 2.6　任务分解策略示意图

根据该任务分解策略,在现有清华大学 RTHS 系统(图 2.1)基础上增加了一台目标机,将 RAT 和 SGT 分配到两台不同目标机上运行,两台目标机的设定功能如图 2.7 所示,具体如下:

(1) 目标机 1:执行 RAT,以较大的计算时步 Δt 进行数值子结构的求解。首先从 SCRAMNet 卡中读取测量反馈力进行数值计算,求出计算位移。为了保证实时加载,还需要根据计算位移进行外插预测出下一 Δt 的位移;如果振动台系统存在时滞,则还需要时滞补偿。关于外插预测 Δt 时步的位移这一问题将在 2.6 节进行详细分析。最终,经过外插预测及时滞补偿后的位移将通过 SCRAMNet 卡传递到目标机 2。

(2) 目标机 2:执行 SGT,进行加载位移信号的生成,即采用内插算法

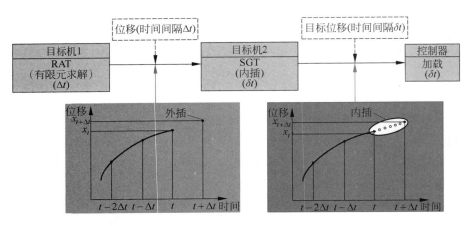

图 2.7　双目标机下的任务分解示意图(前附彩图)

将时间间隔为 Δt 的计算位移内插成时间间隔为 δt(δt 为振动台加载时步)的位移命令,提供给振动台进行加载。同时,目标机 2 也需要将测量到的反馈力通过 SCRAMNet 卡传递给目标机 1。由于目标机 2 的 SGT 所需的执行时间非常短,因此在后续系统优化及系统升级过程中,还可以将除了 RAT 之外的附属计算任务(比如时滞补偿、数据类型转换等)移植到目标机 2 中执行,这样能够最大限度地提高目标机 1 的计算能力。

　　因此,双目标机的数值子结构求解实质上是一个多速率的计算环境,目标机 2 承担着低速率计算向高速率加载信号生成的过渡。图 2.8 和图 2.9 分别给出了目标机 1 和目标机 2 中 RAT 和 SGT 的 Simulink 程序框图。

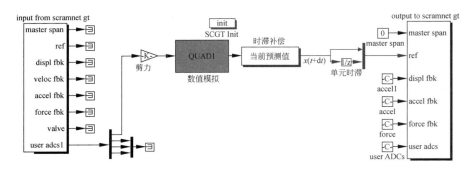

图 2.8　RAT 的 Simulink 程序框图

　　根据上述系统构建思路,可以得到改进的双目标机 RTHS 系统示意图,如图 2.10 所示。双目标机 RTHS 系统是否可行的另一个关键因素在

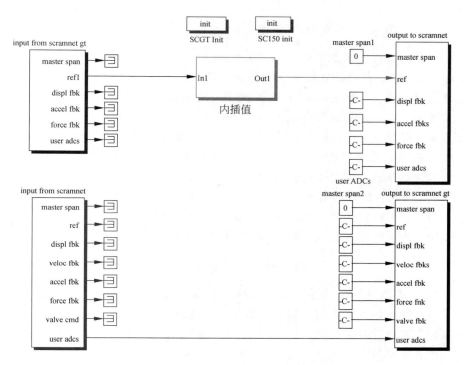

图 2.9　SGT 的 Simulink 程序框图

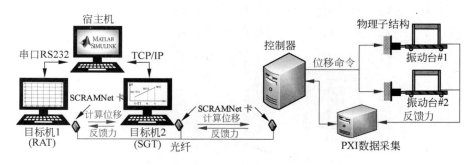

图 2.10　基于双目标机的 RTHS 系统

于目标机 1、目标机 2 和控制器三个节点之间的数据是否能够实时传递与反馈。因此,除了增加一台目标机,还需要新增 SCRAMNet 卡用于目标机之间的数据实时传递,组件三节点间的复制共享内存网络。通过对 SCRAMNet 卡分区,可以得到 SCRAMNet 卡的 Simulink 模块及信号传递路径,如图 2.8 和图 2.9 所示。

2.3.2　位移外插及内插策略

对于双目标机 RTHS 系统,在 t 时刻,由于目标机 2 必须在位移 x_t 至 $x_{t+\Delta t}$ 之间进行内插,才能保证振动台位移实时加载,而在 t 时刻,只有 x_t 能够通过数值积分算法计算得到,因此需要在目标机 1 中对计算位移进行外插预测 $x_{t+\Delta t}$,外插时间间隔为 Δt,如图 2.7 所示。另外,RTHS 还需要对振动台时滞 τ 进行补偿。因此如果把外插预测这一过程也看作时滞补偿,那么系统的总时滞为 $\tau_{total} = \Delta t + \tau$。外插预测的具体过程如下:在 t 时刻,预测位移 $x'_{t+\tau_{total}}$ 可以通过已知的计算位移 $x_t, x_{t-\Delta t}, x_{t-2\Delta t}, \cdots, x_{t-N\Delta t}$ 得到;然后目标机 1 将计算位移 x_t 和 $x'_{t+\tau_{total}}$ 传递给目标机 2 进行内插,如图 2.7 所示。对于目标机 2 中的 SGT,采用 MATLAB/S-function 自定义的线性内插程序来实现,线性插值生成信号的计算公式为

$$x_{t+i\delta t}^{\mathrm{tg2}} = x_t + \frac{x'_{t+\tau_{total}} - x_t}{\Delta t} \times i\delta t \tag{2-1}$$

其中,i 表示 t 时刻后的第 i 个 δt 时刻,tg2 表示目标机 2。

下面讨论双目标机中振动台信号的加载过程。当子时步技术应用于单目标机实时计算时,其振动台信号加载过程如图 2.11(a) 所示。当下一主时步的目标位移尚未计算出来时,采用一个外插程序计算出每一子时步的预测位移提供给振动台;如果在某一时刻下一主时步的目标位移已经获得,则利用该目标位移及之前主时步的位移进行内插,获得剩余时刻的子时步位移信号。从外插向内插转变的过程中,会出现插值信号的突然跳跃,引起

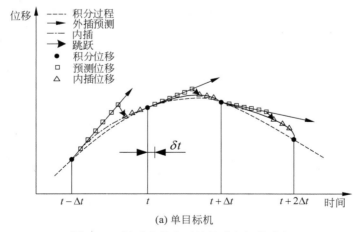

图 2.11　子时步技术下的振动台加载过程

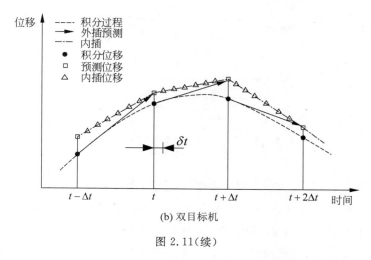

(b) 双目标机

图 2.11(续)

高频振荡。Bonnet[34] 提出了一种修正的插值方法来解决这一问题,具体步骤是:当下一步的目标位移已经获得时,采用该目标位移,最后一个子时步的外插位移及之前主时步的位移进行内插。而对于双目标机而言,由于所有的子时步信号都是通过内插生成的,因此不存在位移突然跳跃的现象,如图 2.11(b)所示。但是,此时应当保证外插预测的精度,否则加载位移会严重影响试验精度。

2.4　双目标机 RTHS 系统的数值验证

下面将对仅含有 FE 数值子结构的系统进行 RTHS,来验证新构建的双目标机 RTHS 系统的计算精度和计算能力。由于没有物理子结构,因此反馈力为零,RTHS 得到的结果即为 FE 数值子结构的响应。

2.4.1　计算精度

为了验证双目标机 RTHS 系统的计算精度,下面以一个固定边界的 FE 地基模型为例,采用上述系统进行地震响应分析。FE 地基模型如图 2.12 所示,模型尺寸为 6m×6m,采用四节点矩形单元进行网格划分,共有 36 个单元,49 个节点,总计 98 个自由度;地基边界采用固定边界条件。地基参数分别取密度 $\rho_s = 2000 \text{kg/m}^3$,弹模 $E = 800 \text{MPa}$,泊松比 $\nu = 0.2$。输入荷载为峰值地面加速度(peak ground acceleration,PGA)为 0.2g,主频范围为

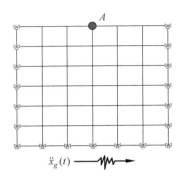

图 2.12　FE 地基模型(98 自由度)

2~10Hz 的人工地震动,其加速度时程和傅里叶谱如图 2.13 所示。由于双目标机 RTHS 系统中目标机 1 中大时步下的 RAT 及位移外插是影响计算精度的关键因素,因此设计了如下三个工况:

工况 A-1:数值子结构 RAT 的 $\Delta t = 40/2048s$,然后采对计算位移采用 Wallace[70] 提出的多项式外插预测法进行外插,得到最终的位移结果;

工况 A-2:数值子结构 RAT 的 $\Delta t = 40/2048s$,将计算位移作为最终位移结果;

工况 A-3:数值子结构 RAT 的 $\Delta t = 1/2048s$,将计算位移作为参考解。

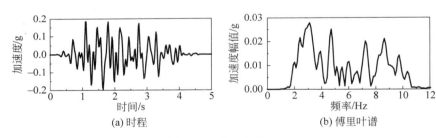

图 2.13　人工地震动

图 2.14 给出了 A 点(图 2.12)在三个工况下的位移时程和傅里叶谱比较。从图 2.14(a)可以看出,三个工况下的位移结果吻合较好。通过计算,可以得到工况 1 和工况 2 的均方根(root mean squre,RMS)位移的相对误差分别为 2.12% 和 1.21%,结果均在可接受范围内,说明双目标机 RTHS 系统的数值求解具有可靠的精度。

图 2.14(b)中的傅里叶谱表明,工况 2 和工况 3 之间的误差最小,表明 Δt 扩大到 40/2048s 时,数值积分算法仍具有较高的精度;而工况 1 和工

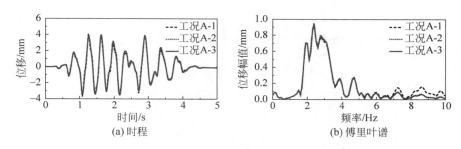

图 2.14　FE 地基模型 A 点位移响应

况 3 相比,工况 1 在 $7 \sim 11 \mathrm{Hz}$ 出现了较为明显的高频响应放大,表明 Wallace[70] 提出的多项式外插预测法在该工况下存在着较大误差。

2.4.2　计算能力

下面采用另一 FE 地基模型来验证该系统的计算能力。考虑到地震响应分析所采用的计算时步 Δt 一般为 $0.01 \sim 0.02 \mathrm{s}$,因此采用 $\Delta t = 40/2048 \mathrm{s}$ 来进行数值子结构求解。图 2.15 给出了新的 FE 地基模型。该模型尺寸为 $30 \mathrm{m} \times 19 \mathrm{m}$,共有 570 个单元,620 个节点,总计 1240 个自由度。地基参数和 2.4.1 节相关参数相同。

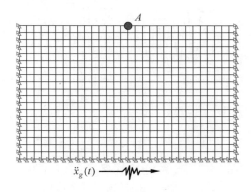

图 2.15　FE 地基模型(1240 自由度)

采用 PGA 为 $0.1 \mathrm{g}$,频率为 $3 \mathrm{Hz}$ 的正弦波作为激励荷载。图 2.16 给出了两台目标机所用的任务执行时间(task execution time,TET)。从图 2.16(a) 中可以看出,目标机 1 中动力分析每一步所用的 TET 约为 $0.01917 \mathrm{s}$(红色实线),略小于设定的 $\Delta t = 40/2048 \mathrm{s} = 0.01953 \mathrm{s}$(黑色虚线),表明该目标机在 $\Delta t = 40/2048 \mathrm{s}$ 时能够完成至多约 1240 个自由度的计算量,相比于原

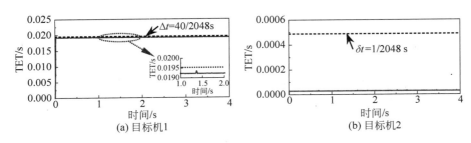

图 2.16　目标机 TET(前附彩图)

RTHS 系统采用单目标机时计算的 132 个自由度[14],提高了一个量级。图 2.16(b)中,目标机 2 的 TET 远小于插值时步 $\delta t = 1/2048\text{s}$,在今后的系统改进中,仍可以分配一定任务到目标机 2 执行。

假定模型中 A 点为振动台的位移输入点,图 2.17 给出了振动台的目标位移(即经过内插后的计算位移)和实际位移结果对比,并把 ABAQUS 计算结果作为参考进行对比。从图中可以看出,振动台的实际位移和目标位移都和 ABAQUS 计算位移吻合很好,相对误差分别为 2.52% 和 1.37%,表明振动台加载具有较高的精度。

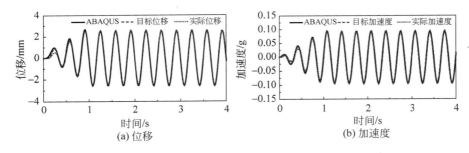

图 2.17　FE 地基模型 A 点位移响应

综上,该双目标机 RTHS 系统能够保证数值计算的精度,同时能够有效地扩大数值子结构的计算规模,可以用于大规模或者复杂结构的 RTHS 试验研究。

2.5　双目标机 RTHS 系统的试验验证

2.5.1　单层钢架-有限元地基模型

下面将通过一个考虑土-结构相互作用(soil-structure interaction,SSI)

的 RTHS 试验来验证双目标机系统的可行性。试验对象为单层钢架-FE 地基模型,如图 2.18 所示。试验中有限地基作为数值子结构,采用 2.4.2 节中的 1240 个自由度模型进行数值模拟;而单层钢架作为物理子结构进行振动台试验。

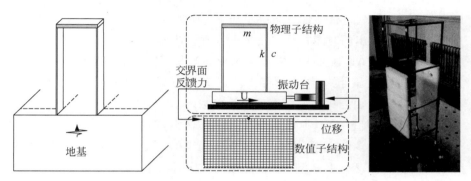

图 2.18　单层钢架-FE 地基模型的 RTHS 试验框架

单层钢架采用汪强[154]设计的钢架模型,模型高度约为 0.61m,顶部集中质量为 m_s＝5.20kg,通过白噪声扫频得到钢架基频为 f_s＝4.41Hz,阻尼比为 ζ_s＝4.53%;通过计算可以得到钢架的刚度和阻尼分别为 k_s＝3.99× 10^3 N/m 和 c_s＝13.06Ns/m。考虑到该钢架模型来源于实际钢架结构,因此汪强[154]对钢架进行了比尺设计,本节试验将沿用该比尺。需要指出的是,本书中所有的比尺系数都定义为原型与模型的物理量之比。假定模型的频率比尺 C_f,阻尼比比尺 C_ζ 和加速度比尺 C_a 都设置为 1,质量比尺为 C_m＝1000,则其他状态量的相似比关系为:刚度比尺 $C_k＝C_m(C_f)^2＝10^3$,阻尼比尺 $C_c＝C_\zeta(C_mC_k)^{1/2}＝10^3$,力比尺 $C_F＝C_mC_a＝10^3$。因此,可以得到 RTHS 试验的结构参数如下表 2.1 所示。

表 2.1　单层钢架-FE 地基系统原型及模型参数

子结构	参数	原型	模型
数值子结构	质量/kg	5.20×10^3	5.20
	弹模/MPa	3.99×10^6	3.99×10^3
物理子结构	质量/kg	1.14×10^6	1.14×10^3
	刚度/MPa	8×10^2	8×10^{-1}

2.5.2　试验结果

目标机 1 中,1240 个自由度地基模型的数值求解采用的计算时步为 $\Delta t =$ 40/2048s,而目标机 2 中信号生成采用时步为 $\delta t = 1/2048$s。RTHS 系统的时滞约为 $\tau = 22/2048$s,因此"系统总时滞"约为 62/2048s。所有试验都采用 Wallace[70] 提出的时滞补偿方法来进行时滞补偿。振动台加载采用位移控制。同时,在 ABAQUS 中构建了相应的钢架-FE 地基模型进行相同地震荷载下的纯数值计算,作为参照来验证 RTHS 结果的精度;其中钢架模型采用一个单自由度集中质量模型进行模拟。

首先采用幅值 0.1g,频率 3Hz 的正弦波激振,图 2.19 给出了钢架底部(即交界面)的位移和加速度响应,以及钢架顶部的加速度响应结果。从图中可以看出,RTHS 和 ABAQUS 数值模拟的响应时程十分吻合。表 2.2 给出了相应的相对误差结果:对于钢架底部,稳态响应阶段峰值位移和峰值加速度的相对误差分别为 6.10% 和 1.10%,RMS 位移和 RMS 加速度的误差分别为 3.01% 和 4.92%;对于钢架顶部,稳态响应阶段的峰值加速度和 RMS加速度误差分别为 4.71% 和 0.86%。

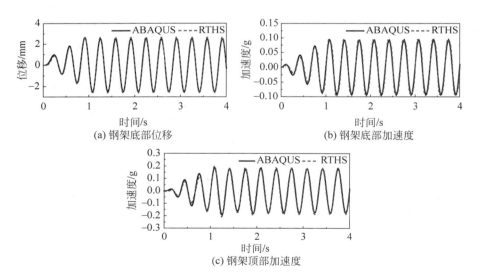

(a) 钢架底部位移　　　　　　　　(b) 钢架底部加速度

(c) 钢架顶部加速度

图 2.19　正弦波激振下的钢架动力响应结果

表 2.2　正弦波激振下的动力响应误差

位置	响应	RTHS	ABAQUS	相对误差/%
钢架底部	峰值位移/mm	2.61	2.46	6.10
	RMS 位移/mm	1.71	1.66	3.01
	峰值加速度/g	0.092	0.091	1.10
	RMS 加速度/g	0.064	0.061	4.92
钢架顶部	峰值加速度/g	0.178	0.170	4.71
	RMS 加速度/g	0.117	0.116	0.86

接着,采用如图 2.20 所示的 PGA 为 0.2g 的 Kobe 地震动进行 RTHS,其他参数均不变。

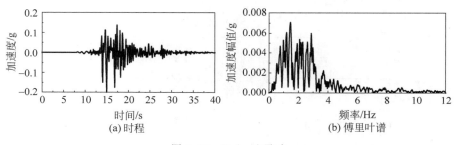

(a)时程　　　　　　　　(b)傅里叶谱

图 2.20　Kobe 地震动

图 2.21 和图 2.22 分别给出了钢架动力响应的时程和傅里叶谱。从图 2.21 中可以看出,在包含较广频率范围的 Kobe 地震动激振下,RTHS 与 ABAQUS 数值计算的响应时程之间仍具有较高的吻合度。图 2.22 中的傅里叶谱对比也能得到类似的结果;由于 Kobe 地震动的加速度成分主要集中在 0～4Hz,钢架响应频率也集中在这区域,因此图中并未出现2.4.1 节中高频响应放大的现象。

表 2.3 给出了钢架动力响应的相对误差。整体来看,RTHS 与 ABAQUS 的峰值和 RMS 位移/加速度相对误差都较小。对于钢架底部响应,稳态响应阶段峰值位移和峰值加速度的相对误差分别为 3.66% 和 5.26%,RMS 位移和 RMS 加速度的误差分别为 4.52% 和 18.52%;对于钢架顶部响应,峰值加速度和 RMS 加速度误差分别为 10.34% 和 6.00%。其中钢架底部 RMS 加速度误差较大的原因在于 RMS 加速度值本身较小,微小的结果偏差会导致较大的相对误差,但总体来说在试验误差可接受范围内。试验中其他的误差来源主要有双目标机系统本身的误差,以及采用集中质量模型模拟

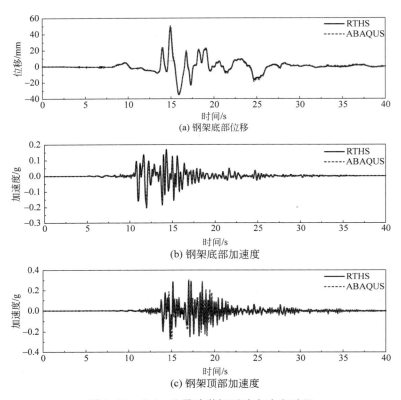

图 2.21　Kobe 地震动激振下动力响应时程

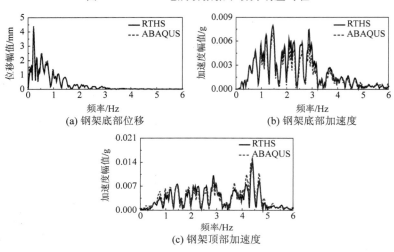

图 2.22　Kobe 地震动激振下动力响应傅里叶谱

单层钢结构带来的误差。

从上述试验可以看出，新构建的双目标机 RTHS 系统能够比较精确地模拟上千自由度结构，因此可以基于该系统开展大规模或者复杂结构的RTHS 试验。

表 2.3　Kobe 地震动激振下的动力响应结果

位置	响应	RTHS	ABAQUS	相对误差/%
钢架底部	峰值位移/mm	48.74	50.59	3.66
	RMS 位移/mm	7.81	8.18	4.52
	峰值加速度/g	−0.20	−0.19	5.26
	RMS 加速度/g	0.032	0.027	18.52
钢架顶部	峰值加速度/g	0.29	0.26	10.34
	RMS 加速度/g	0.047	0.050	6.00

2.6　基于双显式数值积分算法的时滞补偿法

上述 RTHS 验证试验表明了双目标机 RTHS 系统具有合理的精度，但是由于计算时步和系统总时滞的增大，结构高频响应放大的现象比较明显，因此需要对时滞补偿法在双目标机 RTHS 系统中的适用性进行检验。本节对双目标机 RTHS 系统中的反馈力协调引起的总时滞增大问题进行详细分析，并提出一种适用于双目标机 RTHS 系统的时滞补偿法——基于双显式数值积分算法的位移预测法。

2.6.1　双目标机 RTHS 系统中的反馈力协调性问题

以线弹性结构为例，首先分析 RTHS 中数值算法求解时的各状态量在时间轴的变化。在 RTHS 中，数值子结构的运动方程为

$$M\ddot{x}_{i+1} + C\dot{x}_{i+1} + Kx_{i+1} = F_{i+1} + f_{i+1} \tag{2-2}$$

其中，下标 $i+1$ 表示第 $i+1$ 个主时步；x、$\dot{x}$ 和 $\ddot{x}$ 分别为位移、速度和加速度；M、C 和 K 分别为质量，阻尼和刚度矩阵；F 为已知的外部荷载；$f = f(x, \dot{x}, \ddot{x})$ 为物理子结构反馈力。下面将以 Gui-λ 算法为例进行分析，数值积分公式如下：

$$x_{i+1} = x_i + \Delta t\dot{x}_i + \alpha\Delta t^2\ddot{x}_i \tag{2-3}$$

$$\dot{x}_{i+1} = \dot{x}_i + \alpha\Delta t\ddot{x}_i \tag{2-4}$$

其中,$\boldsymbol{\alpha}$ 为数值积分参数,采用如下公式计算:

$$\boldsymbol{\alpha} = 2\lambda \left(2\lambda\boldsymbol{M} + \lambda\Delta t\,\boldsymbol{C}_0 + 2\Delta t^2\boldsymbol{K}_0\right)^{-1}\boldsymbol{M} \qquad (2\text{-}5)$$

对于非线性结构,$\boldsymbol{C}_0$ 和 $\boldsymbol{K}_0$ 为初始的阻尼和刚度矩阵。

　　假设忽略振动台时滞,则理想的时间轴如图 2.23 所示。在第 $i+1$ 个主时步的起点,所有第 i 时步的状态量($\boldsymbol{x}_i$,$\dot{\boldsymbol{x}}_i$,$\ddot{\boldsymbol{x}}_i$ 和 $\boldsymbol{f}_i$)都是已知的,而第 $i+1$ 时步的状态量($\boldsymbol{x}_{i+1}$,$\dot{\boldsymbol{x}}_{i+1}$,$\ddot{\boldsymbol{x}}_{i+1}$ 和 $\boldsymbol{f}_{i+1}$)未知。则当第 $i+1$ 时步开始时,根据公式(2-3)和公式(2-4)计算得到 $\boldsymbol{x}_{i+1}$ 和 $\dot{\boldsymbol{x}}_{i+1}$,从而将位移 $\boldsymbol{x}_{i+1}$ 传递给控制器进行物理子结构的加载;在 Δt 时间间隔内,振动台由位移 $\boldsymbol{x}_i$ 迅速运动至 $\boldsymbol{x}_{i+1}$,并得到反馈力 $\boldsymbol{f}_{i+1}$;根据 $\boldsymbol{f}_{i+1}$ 及公式(2-2)在 Δt 求解 $\ddot{\boldsymbol{x}}_{i+1}$;并在第 $i+1$ 个主时步的终点得到 $\ddot{\boldsymbol{x}}_{i+1}$,以此循环下去。

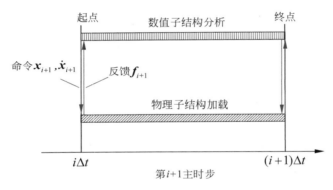

图 2.23　无时滞条件下的理想时间轴

　　当时滞存在时,以双目标 RTHS 系统为例,仍旧按照图 2.23 的时间轴分析。在第 $i+1$ 时步开始时,目标机 1 可以计算得到 $\boldsymbol{x}_{i+1}$ 和 $\dot{\boldsymbol{x}}_{i+1}$,因此如果直接将 $\boldsymbol{x}_i$ 和 $\boldsymbol{x}_{i+1}$ 提供给目标机 2 进行内插,生成时步为 δt 的位移信号,那么当位移信号提供给控制器时,目标机 2 得到的反馈力信号为 $\boldsymbol{f}_i$ 至 $\boldsymbol{f}_{i+1}$ 且时间间隔为 δt。因此在 $i+1$ 时步终点,$\boldsymbol{f}_i$ 将会传递给目标机 1 进行下一步的动力分析,但是理想的反馈力应当为 $\boldsymbol{f}_{i+1}$,具体过程如图 2.24 所示。如果目标机 1 的计算位移不通过外插预测就直接提供给目标机 2,将会造成理想反馈力与实际反馈力之间存在 Δt 的滞后,而这一滞后和振动台时滞一样,会给 RTHS 系统的稳定性带来影响。因此如果在得到计算位移 $\boldsymbol{x}_{i+1}$ 后通过外插预测获得 $\boldsymbol{x}_{i+1}^p$,再对 $\boldsymbol{x}_{i+1}$ 和 $\boldsymbol{x}_{i+1}^p$ 之间进行内插生成信号,则最终获得的反馈力为 $\boldsymbol{f}_{i+1}$,与理想时间轴的分析结果一致。

　　总之,正如 2.3 节中所言,理想反馈力与实际反馈力之间存在 Δt 的滞

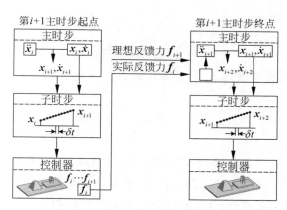

图 2.24　双目标机 RTHS 系统反馈力协调性示意图

后,相当于给系统增加了附加时滞 Δt,因此系统总时滞为 $\tau_{\text{total}} = \Delta t + \tau$。时滞的增大会严重恶化 RTHS 系统的稳定性,已有时滞补偿算法的适用性需要重新评价。

2.6.2　补偿算法的提出及特性分析

清华大学 RTHS 系统中的数值积分算法为位移和速度都显式计算的 Gui-λ 显式算法,即在进行振动台位移加载时,当前时步的位移和速度是已知的。因此当进行位移预测时,可以考虑采用 Gui-λ 显式算法中的位移计算公式进行位移预测(图 2.25),其中当前时步的加速度项可以采用常用的多项式预测来计算获得。

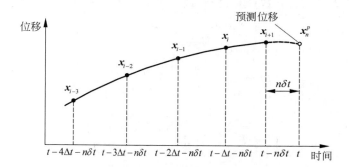

图 2.25　位移预测示意图

具体来说,假定当前主时步为第 $i+1$ 时步,预测时间间隔为 $n\delta t$,此时位移 x_{i+1} 和速度 $\dot{x}_{i+1}$ 可以显式计算,首先采用三阶多项式对 $i+1$ 时步的加

速度进行预测,即

$$\ddot{\boldsymbol{x}}_n^p = \sum_{k=i-4}^{i} a_{k+1}\ddot{\boldsymbol{x}}_k \tag{2-6}$$

其中,$\ddot{\boldsymbol{x}}_n^p$ 为预测加速度,a_{k+1} 为多项式系数。因此,$n\delta t$ 时刻后的位移可以写为

$$\boldsymbol{x}_n^p = \boldsymbol{x}_{i+1} + n\delta t\dot{\boldsymbol{x}}_{i+1} + \alpha(n\delta t)^2\ddot{\boldsymbol{x}}_n^p \tag{2-7}$$

$\boldsymbol{x}_n^p$ 为预测位移。

比较公式(2-7)和公式(2-3)可知,预测位移的误差来源于预测加速度 $\ddot{\boldsymbol{x}}_{i+1}^p$;由于在公式(1-5)的 NEPM 中,时滞为 $n\delta t$ 时,预测时间间隔为 $\Delta t + n\delta t$,因此和 NEPM 相比,新提出的算法预测的时间间隔从 $\Delta t + n\delta t$ 减少至 $n\delta t$,有利于提高预测算法的精度。在后文的叙述中,将该算法称为基于双显式算法的时滞补偿法(dual explicit prediction method,DEPM)。

位移预测算法的精度一般可以通过单自由度结构在简谐荷载作用下的振动响应来评价[60,99]。假定结构的真实响应为幅值 A_x,圆频率为 ω 的简谐波,即

$$x = A_x\sin\omega t \tag{2-8}$$

而单自由度结构过去时刻的位移、速度和加速度可以通过如下公式及其导数得到:

$$\boldsymbol{x}_{i+1-m} = A_x\sin\omega(t - m\Delta t - n\delta t) \tag{2-9}$$

其中,m 为主时步的步数。对于公式(2-7)中的位移预测法,预测位移 $\boldsymbol{x}_n^p$ 可以通过式(2-9)及其导数计算得到,最终可以得到统一的位移预测公式为

$$\boldsymbol{x}_n^p = A_x\beta\sin(\omega t + \phi_n) \tag{2-10}$$

$$\begin{cases} \beta = \sqrt{C_n^2 + S_n^2} \\ \phi_n = \arctan\dfrac{S_n}{C_n} \end{cases} \tag{2-11}$$

$$\begin{cases} C_n = \displaystyle\sum_{k=0}^{m} a_{i+1-k}\cos\omega(k\Delta t + n\delta t) \\ S_n = -\displaystyle\sum_{k=0}^{m} a_{i+1-k}\sin\omega(k\Delta t + n\delta t) \end{cases} \tag{2-12}$$

其中,β 为公式(2-10)与精确解式(2-8)的幅值误差,ϕ_n 为相位误差;C_n 和 S_n 在 Δt 和 $n\delta t$ 为常数时只与 ω 有关。公式(2-11)和公式(2-12)表明 β 和 ϕ_n

可以作为理想位移和预测位移相对误差的评价指标。对于精确解,假定幅值为 1,相位为 0。

下面对 DEPM($\lambda=3,4$ 和 11.5)、多项式预测、NEPM、线性加速度预测法(linear acceleration prediction method,LAPM)等典型时滞补偿法进行精度比较。

图 2.26(a)给出了幅值误差 β 的对比结果,当归一化时间间隔 $\omega \Delta t <$ 0.3 时,所有预测算法的 β 接近于 1,表明位移预测的精度较高。随着 $\omega \Delta t$ 的增大,不同算法的幅值误差曲线变化很大。多项式预测法、LAPM 及 NEPM 在 $0.3 < \omega \Delta t < 1.4$ 时随着 $\omega \Delta t$ 的增大而迅速放大,精度迅速降低,而 DEPM 的 $\lambda=11.5$、4 和 3 三组子算法下的幅值误差在 $0.3 < \omega \Delta t < 1.4$ 时都较小,特别是在 $1.0 < \omega \Delta t < 1.4$(当 $\Delta t = 40/2048$s 时,对应频率为 $8.1 \sim 11.4$Hz)时。这一结果表明在 $\omega \Delta t$ 较大时,即频率较高或者计算时步较大

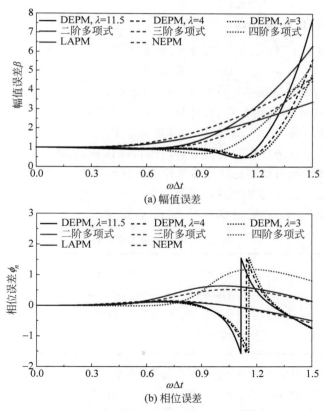

(a) 幅值误差

(b) 相位误差

图 2.26　位移预测法的理论精度比较(前附彩图)

时,DEPM 比其他算法具有更高的预测精度。

图 2.26(b)中给出了相位误差 ϕ_n 的结果,当 $0<\omega\Delta t<0.3$ 时,不同算法的 ϕ_n 结果基本相同,都接近于 0,具有较高的精度;而当 $0.3<\omega\Delta t<1.5$ 时,不同算法下的的 ϕ_n 精度变化差别较大,对于 DEPM,ϕ_n 在 $0.3<\omega\Delta t<0.9$ 时依然保持接近于 0,但是在 $\omega\Delta t\approx1.1$ 时出现了一个跳跃,由负值转为正值,随后随着 $\omega\Delta t$ 增大而降低。由于公式(2-11)中相位误差的计算公式中 ϕ_n 为 $\omega\Delta t$ 的反正切函数,含有第一类间断点[156],因而导致了跳跃不连续现象的出现。其他预测算法的相位误差在 $0.3<\omega\Delta t<1.5$ 时随着 $\omega\Delta t$ 的增大先增大后减小,在 $\omega\Delta t$ 较大(超出 1.5)时也会出现间断跳跃现象。

从幅值和相位误差结果来看 DEPM 在 $\omega\Delta t$ 较大时表现出较高的精度。考虑到 2.4.1 节中数值验证采用三阶多项式进行外插导致的在高频段引起计算位移幅值放大现象,DEPM 的提出将使其改善并获得更好的计算精度。

2.6.3　数值算例验证

下面以一个两自由度结构为例,对 2.6.2 节理论分析的精度结果进行数值验证。结构参数如表 2.4 所示,两阶自振频率分别为 3.1Hz 和 8.1Hz,结构阻尼采用 5% 的 Rayleigh 阻尼模型。结构动力分析统一采用 Gui-λ（λ=3）子算法进行求解,计算时步 Δt 分别取 20/2048s 和 40/2048s。位移预测法主要考虑 NEPM、三阶多项式和 DEPM（λ=3）三种方法进行比较。以纯数值算法得到的底层位移作为目标位移,而将数值算法得到的位移进行位移预测后得到的计算结果作为位移预测值,二者进行对比;预测时间间隔为 Δt。基底激励加速度采用幅值为 0.15g 的正弦扫频信号,频率由 1Hz 变化至 10Hz,扫频速率为 0.45Hz/s,如图 2.27 所示。

表 2.4　两自由度结构参数

模型	质量/kg	刚度/(N/m)	阻尼/(N·s/m)	自振频率/Hz
DOF2 DOF1	$\begin{bmatrix} 1000 & 0 \\ 0 & 1000 \end{bmatrix}$	$\begin{bmatrix} 2\times10^6 & -10^6 \\ -10^6 & 10^6 \end{bmatrix}$	$\begin{bmatrix} 4251.954 & -1422 \\ -1422 & 2829.954 \end{bmatrix}$	$\begin{Bmatrix} 3.1 \\ 8.1 \end{Bmatrix}$

图 2.28 和图 2.29 分别给出了 $\Delta t=20/2048$s 和 40/2048s 时的位移时程和傅里叶谱结果。当 $\Delta t=20/2048$s 时,从图 2.28(a)中可以看出,三阶多项式和 DEPM 的计算结果和目标位移吻合最好,而 NEPM 得到的位移

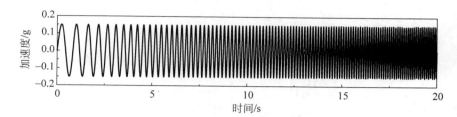

图 2.27　基底激励正弦扫频信号

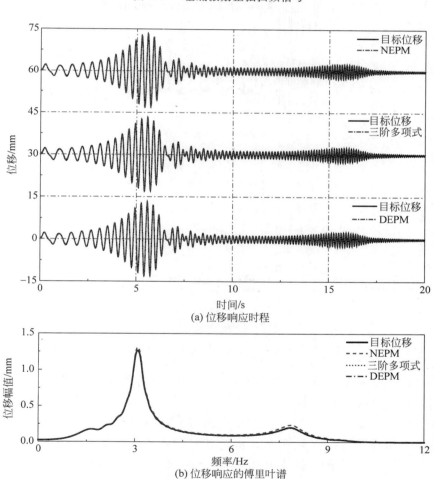

图 2.28　两自由度结构顶层目标位移与预测位移对比($\Delta t = 20/2048 \mathrm{s}$)

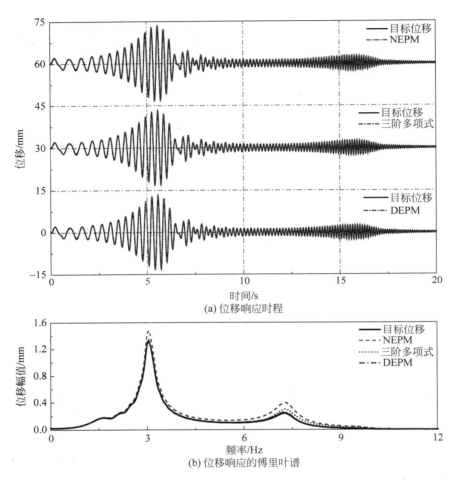

图 2.29　两自由度结构顶层目标位移与预测位移对比($\Delta t = 40/2048s$)

时程出现了明显的幅值放大;从图 2.28(b)中的傅里叶谱也可以看出,NEPM 得到的位移结果在一阶和二阶频率上的傅里叶谱值都明显变大。当 $\Delta t = 40/2048s$ 时,如图 2.29(a)所示,DEPM 的计算结果和目标位移依然吻合得很好,但是三阶多项式和 NEPM 都出现了幅值放大的现象,特别是 NEPM 补偿下的幅值放大最为严重。从图 2.29(b)的傅里叶谱中也可以明显看出这一现象。

表 2.5 给出了数值算例的误差分析结果,采用归一化的均方根误差(normalized root mean square error,NRMSE)来评价位移预测算法的精

度,计算公式如下:

$$\text{NRMSE} = \sqrt{\dfrac{\sum\limits_{i=1}^{N}(x_i^t - x_i^p)^2}{\sum\limits_{i=1}^{N}(x_i^t)^2}} \tag{2-13}$$

其中,x_i^t 和 x_i^p 分别为第 i 时步的目标位移和预测位移。从表中可以看出,当 $\Delta t = 20/2048$s 时,NEPM、三阶多项式和 DEPM 的误差值分别为 6.74%、1.03% 和 1.43%;而当 $\Delta t = 40/2048$s 时,NEPM、三阶多项式和 DEPM 的误差值分别为 29.05%、16.33% 和 9.44%。结果表明 NEPM 和三阶多项式更适应于 Δt 较小的情况,而 DEPM 在大时步位移预测中具有较高精度,所得到的规律和理论分析结论一致。

表 2.5　不同位移预测法的归一化均方根误差比较　　　　　　　　%

位移预测法	$\Delta t = 20/2048$s	$\Delta t = 40/2048$s
NEPM	6.74	29.05
三阶多项式	1.03	16.33
DEPM	1.43	9.44

2.6.4　RTHS 试验验证

下面通过考虑 SSI 的 RTHS 试验来验证 DEPM 的精度。图 2.30 给出了 RTHS 的试验框架及子结构拆分,物理子结构为三层的单塔楼结构,数值子结构为有限地基,采用 FE 模型进行模拟。有限地基的尺寸为 60m×40m,采用四节点矩形单元进行 FE 模型划分,共计 96 个单元,117 个节点,234 个自由度。地基的材料参数为:密度 $\rho_s = 2000\text{kg/m}^3$,弹性模量 $E =$

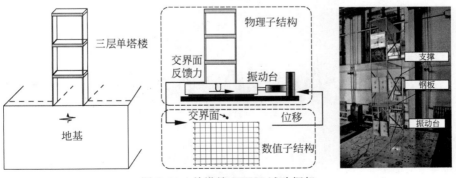

图 2.30　单塔楼 RTHS 试验框架

4000MPa,泊松比 $\nu=0.2$。试验中比尺的设计准则与 2.5 节相同,仅考虑质量比尺为 $C_m=2\times10^3$。

三层单塔楼的物理模型照片如图 2.30 所示,该模型由周孟夏[14]提供。楼层层高 0.69m,矩形楼板尺寸为 0.61m×0.3m;每层质量集中在楼板上,为 14.274kg;在垂直于激振方向上,每层设置了两个 X 形支撑来增加该方向的刚度。通过扫频试验可以得到该单塔楼的三阶自振频率分别为 2.6Hz,8.1Hz 和 12.6Hz,振型均在沿水平振动方向上。交界面上的反馈力通过测量粘贴在单塔楼底部支腿上的应变片的变形得到。

为了比较不同位移预测法的试验精度,共设计了五组试验,统一采用无条件稳定的 Gui-λ($\lambda=3$)子算法进行数值子结构在双目标机 RTHS 系统中进行求解。其中四组试验的目标机 1 的主时步 $\Delta t=40/2048$s,目标机 2 的信号生成子时步 $\delta t=1/2048$s;四组试验分别采用提出的 DEPM,三阶多项式,NEPM 和基于反馈力修正的预测法进行时滞补偿。关于反馈力修正法策略在 1.3.3 节有详细介绍,相应算法见公式(1-6)和公式(1-7)。另外一组试验的 Δt 和 δt 都取 1/2048s,此时由于不存在计算时步不一致的问题,仅需对振动台进行时滞补偿即可,相应试验得到的结果作为"精确解"进行比较。地震荷载采用 2.4.1 节中的人工地震动,PGA 取 0.15g。

图 2.31 给出了单塔楼底部的位移和加速度响应时程。从图中可以看出,和精确解结果相比,不同位移预测法下的位移和加速度响应都有明显的

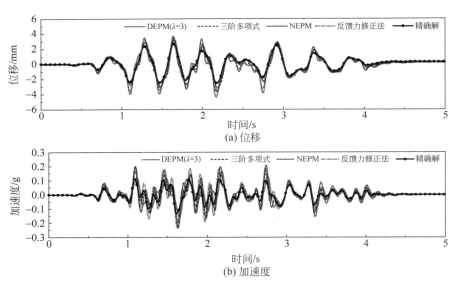

图 2.31   单塔楼底部动力响应时程

放大,其中基于 DEPM 的预测位移和加速度结果与精确解吻合最好,而基于 NEPM 的结果误差最大。DEPM、三阶多项式、NEPM 和反馈力修正法的峰值位移误差分别为 13.55%、27.11%、37.73% 和 23.08%;RMS 位移的误差分别为 15.30%、25.15%、28.49% 和 15.69%。图 2.32 给出了相应位移和加速度响应的傅里叶谱,从图中可以看出,不同位移预测法下的位移和加速度响应在低频段和精确解结果吻合较好;但是在高频段,特别是在 7~11Hz,大时步下的 NEPM、三阶多项式位移预测法和反馈力修正法有明显的放大现象,DEPM 幅值放大现象最弱,和精确解吻合最好。

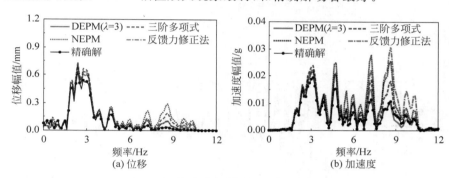

图 2.32　单塔楼底部动力响应傅里叶谱

图 2.33 给出了五组试验下振动台实际位移和目标位移的关系图,实际位移和目标位移基本成直线关系,表明时滞补偿具有明显的效果。图 2.34 和图 2.35 给出了单塔楼第一层至第三层的加速度响应时程和傅里叶谱。从图中可以看到类似于图中高频响应放大的现象。DEPM 依然具有最高的精度,而 NEPM 引起的高频响应放大最严重。综上所述,DEPM 在大时步位移预测方面具有较高的精度,比较适用于计算时步和时滞较大的双目标机 RTHS 系统。

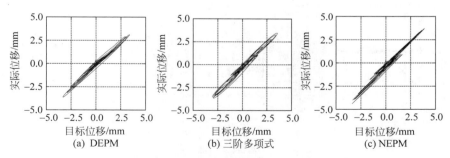

图 2.33　单塔楼底部目标位移与实际位移关系图

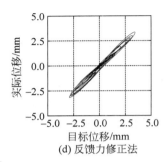

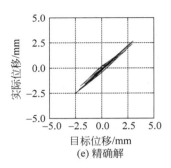

(d) 反馈力修正法

(e) 精确解

图 2.33(续)

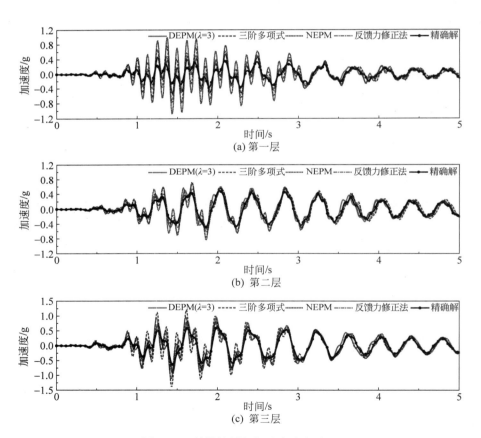

(a) 第一层

(b) 第二层

(c) 第三层

图 2.34　单塔楼层间加速度响应时程

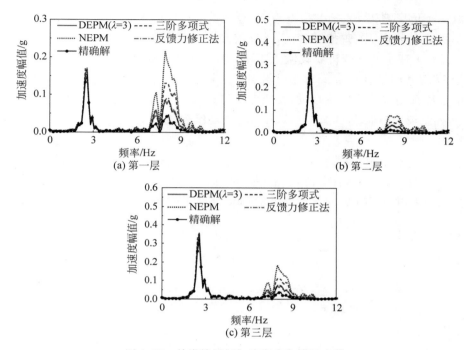

图 2.35　单塔楼层间加速度响应傅里叶谱

2.7　本 章 小 结

本章基于原清华大学 RTHS 系统,采用任务分解策略对原试验系统进行了扩建,构建了基于双目标机的 RTHS 系统。在 RTHS 过程中,将计算任务拆分成响应分析任务 RAT 及信号生成任务 SGT 两部分,采用较大时步执行 RAT,而采用和振动台加载时步相同的小时步执行 SGT。在 RAT 向 SGT 的转变过程中,分别采用外插和内插进行时滞补偿及信号生成。通过这种方式,可以进行较大规模的 FE 数值子结构求解。针对系统计算时步和时滞都较大的情况,提出了基于双显式算法的时滞补偿法 DEPM 来进行时滞补偿。最终通过数值及试验验证了新系统及新时滞补偿算法的精度和可靠性。得到的结论如下:

(1) 采用任务分解策略来扩大数值子结构计算规模是提高 RTHS 模拟能力的有效途径。数值模拟和空台 RTHS 试验表明基于该系统能够求解自由度最大为 1240 的 FE 数值子结构模型,并具有较高的计算精度。并以一个单层钢架-FE 地基模型为例,验证了新构建的 RTHS 系统对于大规模的动力试验具有理想的精度,具有较大的应用前景。

(2) 理论精度分析和数值验证算例都表明基于双显式算法的时滞补偿法 DEPM 的精度在 $\omega \Delta t$ 较小时与多项式补偿法、基于 Newmark 显式算法的位移预测法 NEPM 和线性加速度预测法 LAPM 的精度相当,但是前者在 $\omega \Delta t$ 较大时表现出优于后者的精度,幅值和相位的误差都在可接受范围内。

(3) 一系列考虑 SSI 的 RTHS 试验结果很好地验证了理论精度分析和数值算例的结果。相比于其他常用时滞补偿法,DEPM 更适用于计算时步较大或者时滞量较大的双目标机 RTHS 系统的时滞补偿。

第3章 多自由度 RTHS 系统的时滞稳定性分析

3.1 引　　论

受液压伺服加载装置机械精度的限制，RTHS 中的时滞问题不可避免。从控制理论的角度看，时滞严重影响着 RTHS 闭环系统的精度，甚至有可能导致失稳。对于双目标机 RTHS 系统，由于计算时步和系统总时滞的增大，其稳定性问题也更加突显；同时，基于双显式数值算法的时滞补偿法对稳定性的影响也需要评价。

对于 RTHS 系统的时滞稳定性已经有了许多研究成果，但已有的时滞分析方法多以单自由度结构为主，且没有全面地考虑结构参数、数值积分算法、多源时滞和基于数值算法的时滞补偿方法等因素对时滞稳定性的影响。因此，有必要构建能够综合考虑上述因素的时滞稳定性分析模型，来更精确地获得时滞对系统稳定性的影响规律。

本章首先基于离散根轨迹法，构建了多自由度 RTHS(multiple degree-of-freedom RTHS,MDOF-RTHS)系统的时滞稳定性分析模型；然后探讨了纯时滞情况下 MDOF-RTHS 系统的时滞稳定性规律及失稳机制，比较和分析了不同时滞补偿算法对时滞稳定性的影响；最后通过对数值子结构为有限元模型、物理子结构为单层钢架的框架，分别采用单振动台(单一时滞)和双振动台(多源时滞)加载的 RTHS 试验对时滞稳定性分析模型进行了验证。

3.2　基于离散根轨迹法的时滞稳定性分析模型

3.2.1　离散根轨迹法

在自动控制理论[157,158]中，根轨迹法是一种分析闭环控制系统(图 3.1)稳定性的图形化方法，它通过闭环传递函数的极点随着预设增益从零变化到正无穷时，在复平面上的轨迹变化来判定系统的稳定状态。根轨迹法分

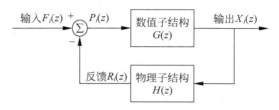

图 3.1　RTHS 闭环传递系统示意图

为连续根轨迹和离散根轨迹,前者是对时域进行拉普拉斯变换后在连续复平面(s 平面)进行根轨迹分析,而后者是对时域进行 z 变换后在离散复平面(z 平面)进行根轨迹分析。

　　迟福东[83]采用连续根轨迹法对 RTHS 系统进行了连续时间域的时滞稳定性分析;但 RTHS 系统是一个连续-离散混合系统,离散分量,诸如数值积分算法、计算时步等对系统稳定性的影响不可忽略,因此本章采用 z 变换的离散根轨迹法来进行时滞稳定性研究。

　　z 变换是一种针对离散采样系统的变换运算工具,和连续时间域的拉普拉斯变换[83]一样,可以求得系统输入与输出的关系式,但可以避免拉普拉斯变换时由于时滞项出现 $e^{-\tau s}$ 而造成求解超越方程的问题。具体而言,假设连续时间函数 $x(t)$ 的采样周期为 Δt,则 $x(t)$ 的 z 变换定义为

$$X(z) = Z[x(t)] = \sum_{k=0}^{\infty} x(k\Delta t) z^{-k} \tag{3-1}$$

其中,k 为 $x(k\Delta t)$ 发生的时刻。图 3.2 给出了连续根轨迹 s 平面[83]和离散根轨迹 z 平面的极点映射关系。s 平面与 z 平面各点的映射关系满足 $z = e^{s\Delta t}$,s 平面内的极点 $s_0 = \sigma_0 + j\omega_0$ 在 z 平面的相应位置为某点 z_0,其幅值和幅角分别为 $e^{\Delta t \sigma_0}$ 和 $\theta = \omega_0 \Delta t$;$s$ 平面稳定的左半平面所有极点被映射到 z 平面

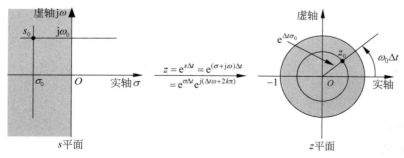

图 3.2　连续根轨迹和离散根轨迹极点映射关系

以实轴虚轴交点为圆心的单位圆内。

　　对于离散闭环控制系统,闭环传递函数的根(即闭环传递函数的极点)在 z 平面上的轨迹决定了该系统的稳定性。RTHS 系统本质上也是一个闭环系统,可以将其简化为如图 3.1 所示的离散闭环系统,该闭环系统的动力特性由闭环传递函数 G_{cl} 决定,G_{cl} 可以表示为

$$G_{cl}(z) = \frac{X(z)}{F(z)} = \frac{G(z)}{1 + G(z)H(z)} \qquad (3\text{-}2)$$

其中,$F(z)$ 和 $X(z)$ 分别为输入荷载 $F(t)$ 和输出位移 $X(t)$ 的 z 变换;$G(z)H(z)$ 为闭环系统的开环传递函数。公式(3-2)中闭环传递函数的特征方程为

$$1 + G(z)H(z) = 1 + K_{cl} \frac{\prod\limits_{i=1}^{n_0}(z - z_i)}{\prod\limits_{j=1}^{m_0}(z - p_j)} = 0 \qquad (3\text{-}3)$$

其中,K_{cl} 为系统增益,z_i 和 p_i 分别为开环传递函数的零点和极点;m_0 和 n_0 为正整数。为了满足公式(3-3),开环传递函数的幅值和幅角必须满足:

$$\begin{cases} K_{cl} \dfrac{\prod\limits_{i=1}^{n_0} |(z - z_i)|}{\prod\limits_{j=1}^{m_0} |(z - p_j)|} = 1 \\[4mm] \sum\limits_{i=1}^{n_0} \angle(z - z_i) - \sum\limits_{j=1}^{m_0} \angle(z - p_j) = (2k_0 + 1)\pi, \quad k_0 = 0, \pm 1, \pm 2, \cdots \end{cases}$$

$$(3\text{-}4)$$

根据 K_{cl} 从 0 变化到 ∞,描绘满足公式(3-4)的变量 z 在 z 平面的变化轨迹,即可得到根轨迹图。图 3.3 给出了离散根轨迹的示意图。开环零点和开环极点分别用"○"和"×"表示。所有根轨迹的分支都起于开环极点,止于开环零点或者无穷远;两条共轭的根轨迹分支,或者一条止于无穷远的根轨迹对应着系统的一个"模态"。闭环系统稳定的充分必要条件为根轨迹位于单位圆内,所以根轨迹从单位圆内穿出单位圆外时,表明系统失稳;此时临界失稳界限即为根轨迹与单位圆相交极点对应的 K_{cl},对应临界失稳频率为 $\omega^{cr} = \theta^{cr}/\Delta t$,其中 θ^{cr} 为极点的临界角度,如图 3.3 所示。MATLAB 也提供了程序 rlocus(syz, gain),为进行根轨迹分析提供了方便。

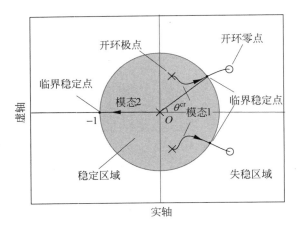

图 3.3　离散根轨迹示意图

3.2.2　多自由度 RTHS 系统时滞稳定性分析模型

本节以一个 MDOF 框架结构为例，来构建 MDOF-RTHS 系统时滞稳定性分析模型。MDOF 结构的子结构划分如图 3.4 所示，共有 M 个自由度：下部分 b 个自由度作为数值子结构，上部分 $M-b$ 个自由度作为物理子结构。整体结构的运动方程为

$$\boldsymbol{M}\ddot{\boldsymbol{x}}(t) + \boldsymbol{C}\dot{\boldsymbol{x}}(t) + \boldsymbol{K}\boldsymbol{x}(t) = \boldsymbol{F}(t) \tag{3-5}$$

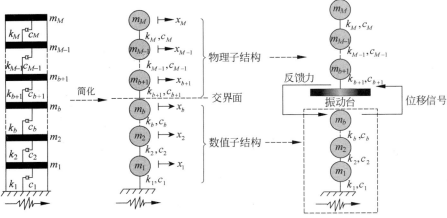

图 3.4　多自由度结构的子结构拆分示意图

公式(3-5)在时间域内离散,可以写成:

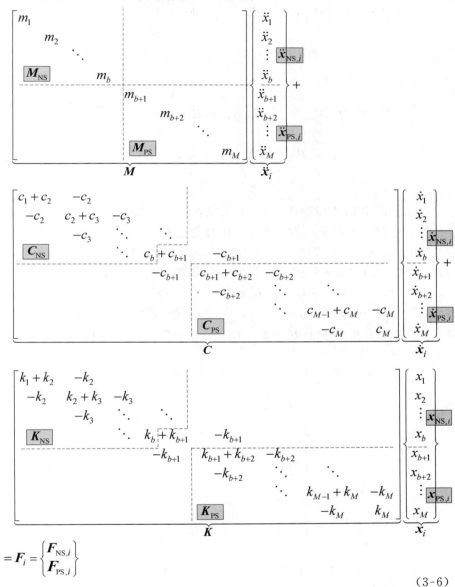

$$= F_i = \begin{Bmatrix} F_{NS,i} \\ F_{PS,i} \end{Bmatrix}$$

$$(3\text{-}6)$$

其中,m_i,c_i,k_i分别为第 i 层的质量、阻尼和刚度。x_{NS} 和 x_{PS} 分别代表数值和物理子结构的位移;M_{NS},C_{NS},K_{NS} 分别为数值子结构的质量、阻尼和刚度矩阵;M_{PS},C_{PS},K_{PS} 分别为物理子结构的质量、阻尼和刚度矩阵。F 为地震作用力向量，相应地，可以写成 $\boldsymbol{F}_{NS}$ 和 $\boldsymbol{F}_{PS}$ 两部分。从而可以将公式(3-6)拆分为

$$
\left\{
\begin{aligned}
&\text{数值子结构：} \boldsymbol{M}_{NS}\ddot{\boldsymbol{x}}_{NS,i} + \boldsymbol{C}_{NS}\dot{\boldsymbol{x}}_{NS,i} + \boldsymbol{K}_{NS}\boldsymbol{x}_{NS,i} \\
&\qquad = \boldsymbol{F}_{NS,i} + \left\{ \begin{aligned} &\mathbf{0} \\ &\underbrace{c_{b+1}(\dot{x}_{b+1} - \dot{x}_b) + k_{b+1}(x_{b+1} - x_b)}_{T_1} \end{aligned} \right\} \\[2mm]
&\text{物理子结构：} \boldsymbol{M}_{PS}\ddot{\boldsymbol{x}}_{PS,i} + \boldsymbol{C}_{PS}\dot{\boldsymbol{x}}_{PS,i} + \boldsymbol{K}_{PS}\boldsymbol{x}_{PS,i} \\
&\qquad = \boldsymbol{F}_{PS,i} + \left\{ \begin{aligned} &\mathbf{0} \\ &\underbrace{c_{b+1}\dot{x}_b + k_{b+1}x_b}_{T_2} \end{aligned} \right\}
\end{aligned}
\right. \tag{3-7}
$$

考虑到在 RTHS 试验中，由于时滞或者时滞补偿算法带来的误差，施加给物理子结构的位移 x'_b 并不完全等于理想位移 x_b，导致物理子结构的响应失真，因此在公式(3-7)中，T_1 和 T_2 中的 x_b 和 $\dot{x}_b$ 应该用 x'_b 和 $\dot{x}'_b$ 来替代。因此，公式(3-5)中整体结构的动力方程可以改写为

$$
\boldsymbol{M}\ddot{\boldsymbol{x}}_i + \boldsymbol{C}_1\dot{\boldsymbol{x}}_i + \boldsymbol{K}_1\boldsymbol{x}_i + \boldsymbol{C}_2\dot{\boldsymbol{x}}'_i + \boldsymbol{K}_2\boldsymbol{x}'_i = \boldsymbol{F}_i \tag{3-8}
$$

其中，$\boldsymbol{x}' = \{x'_1, \cdots, x'_b, \cdots, x'_M\}^T$，在 $\boldsymbol{x}'$ 中，除 x'_b 外，其他元素都为虚拟变量，没有实际物理意义；同时有 $\boldsymbol{K}_1 + \boldsymbol{K}_2 = \boldsymbol{K}, \boldsymbol{C}_1 + \boldsymbol{C}_2 = \boldsymbol{C}; \boldsymbol{K}_1, \boldsymbol{K}_2, \boldsymbol{C}_1, \boldsymbol{C}_2$ 可以表示为

$$
\boldsymbol{K}_1 = \left[
\begin{array}{ccc:cccc}
k_1 + k_2 & -k_2 & & & & & \\
-k_2 & k_2 + k_3 & -k_3 & & & & \\
\ddots & \ddots & \ddots & & & & \\
& -k_b & k_b & -k_{b+1} & & & \\
\hdashline
& & 0 & k_{b+1} + k_{b+2} & -k_{b+2} & & \\
& & \ddots & \ddots & \ddots & & \\
& & & -k_{M-1} & k_{M-1} + k_M & -k_M \\
& & & & -k_M & k_M
\end{array}
\right] \tag{3-9}
$$

$$
\boldsymbol{K}_2 = \left[
\begin{array}{ccc:cccc}
0 & 0 & & & & & \\
0 & 0 & 0 & & & & \\
\ddots & \ddots & \ddots & & & & \\
& 0 & k_{b+1} & 0 & & & \\
\hdashline
& & -k_{b+1} & 0 & 0 & & \\
& & \ddots & \ddots & \ddots & & \\
& & & 0 & 0 & 0 \\
& & & & 0 & 0
\end{array}
\right] \tag{3-10}
$$

$$C_1 = \begin{bmatrix} c_1 + c_2 & -c_2 & & & & & & \\ -c_2 & c_2 + c_3 & -c_3 & & & & & \\ \ddots & \ddots & \ddots & & & & & \\ & & -c_b & c_b & -c_{b+1} & & & \\ \hdashline & & & 0 & c_{b+1} + c_{b+2} & -c_{b+2} & & \\ & & & \ddots & \ddots & \ddots & & \\ & & & & -c_{M-1} & c_{M-1} + c_M & -c_M \\ & & & & & -c_M & c_M \end{bmatrix}$$

$$(3\text{-}11)$$

$$C_2 = \begin{bmatrix} 0 & 0 & & & & \\ 0 & 0 & 0 & & & \\ \ddots & \ddots & \ddots & & & \\ & 0 & c_{b+1} & 0 & & \\ \hdashline & & -c_{b+1} & 0 & 0 & \\ & & \ddots & \ddots & \ddots & \\ & & & 0 & 0 & 0 \\ & & & & 0 & 0 \end{bmatrix}$$

$$(3\text{-}12)$$

对公式(3-8)进行 z 变换可以得到：

$$M\ddot{X}_i(z) + C_1\dot{X}_i(z) + K_1 X_i(z) = F_i(z) - [C_2\dot{X}'_i(z) + K_2 X'_i(z)]$$

$$(3\text{-}13)$$

假设采用 Gui-λ 算法[45]公式(2-3)~公式(2-5)来求解公式(3-13)，则其相应的 z 变换为

$$\begin{cases} X_i(z) = z^{-1}X_i(z) + z^{-1}\Delta t\dot{X}_i(z) + z^{-1}\boldsymbol{\alpha}\,\Delta t^2\,\ddot{X}_i(z) \\ \dot{X}_i(z) = z^{-1}\dot{X}_i(z) + z^{-1}\boldsymbol{\alpha}\Delta t\ddot{X}_i(z) \end{cases}$$

$$(3\text{-}14)$$

将公式(3-14)代入到公式(3-13)中，可以得到：

$$\left[\frac{(1-z^{-1})^2}{z^{-1}\Delta t^2}M\boldsymbol{\alpha}^{-1} + \frac{1-z^{-1}}{\Delta t}C_1 + K_1\right]X_i(z)$$

$$= F_i(z) - \left[\frac{1-z^{-1}}{\Delta t}C_2 + K_2\right]X'_i(z)$$

$$(3\text{-}15)$$

则其特征方程为

$$\det\left\{\frac{(1-z^{-1})^2}{z^{-1}\Delta t^2}M\boldsymbol{\alpha}^{-1} + \frac{1-z^{-1}}{\Delta t}C_1 + K_1 + H(z)\left[\frac{1-z^{-1}}{\Delta t}C_2 + K_2\right]\right\} = 0$$

$$(3\text{-}16)$$

其中：

$$H(z) = \frac{X'_i(z)}{X_i(z)} \qquad (3\text{-}17)$$

假设时滞为 Δt 的整数倍,即 $\tau = j\Delta t$ $(j = 1, 2, \cdots)$:如果为纯时滞情况,则 $H(z) = z^{-j}$;如果没有时滞,则 $H(z) = 1$;如果考虑时滞补偿,则 $H(z)$ 与时滞补偿计算公式相关。将 $H(z)$ 代入公式(3-17)中,选取要研究的目标变量作为 K_{cl},则可以将公式(3-16)写成公式(3-3)的标准形式,进而能够在MATLAB 中进行根轨迹分析。

3.3   两自由度结构的 RTHS 系统时滞稳定性分析

以两自由度框架结构为例来分析 RTHS 系统的时滞稳定性。子结构拆分如图 3.5 所示。选取物理子结构和数值子结构的质量比 $\mu_m = m_P/m_N$ 作为增益 K_{cl} 绘制根轨迹;由于 μ_m 从 0 变化到 ∞,为了方便,定义质量比例系数 $\rho_m = \mu_m/(1 + \mu_m)$ 来作为稳定指标,ρ_m 从 0 变化到 1。ρ_m^{cr} 定义为临界失稳界限,当 $\rho_m^{cr} = 1$ 时,系统为绝对稳定。

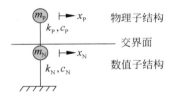

图 3.5   两自由度结构模型

3.3.1   失稳机理分析

首先通过纯时滞条件下的稳定性分析,来阐述根轨迹评价系统稳定性的一般过程,同时探讨多自由度结构受时滞影响时的失稳机理。选取结构参数如下:数值子结构的圆频率和阻尼比分别为 $\omega_N = 12.57\text{rad/s}$,$\zeta_N = 5\%$;物理子结构的圆频率和阻尼比分别为 $\omega_P = 18.85\text{rad/s}$,$\zeta_P = 3\%$。考虑如下两个典型工况:

工况 B-1:$\Delta t = 0.01\text{s}$,$\tau = 0$;

工况 B-2:$\Delta t = 0.01\text{s}$,$\tau = 0.01\text{s}$。

两个工况的根轨迹图分别如图 3.6 和图 3.7 所示。从图 3.6(a)中可以看出,两自由度系统的根轨迹包含两阶模态,各阶模态在开环极点处的圆频率和阻尼比分别等于结构自身的圆频率和阻尼比,说明根轨迹的两阶模

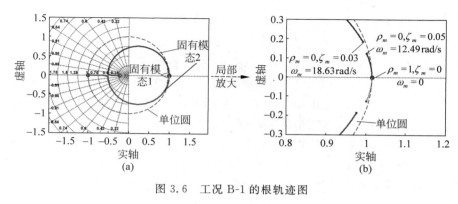

图 3.6　工况 B-1 的根轨迹图

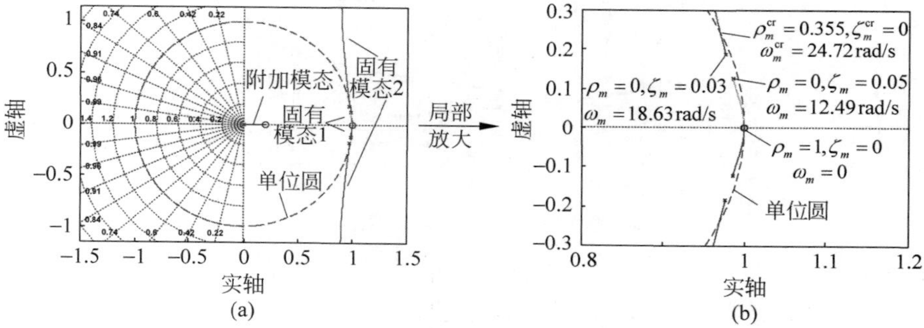

图 3.7　工况 B-2 的根轨迹图

态即对应着结构的两阶模态,在本书中称之为固有模态。在工况 B-1 无时滞情况下,随着 ρ_m 从 0 变化到 1,系统的两阶固有模态始终处在单位圆以内,表明系统是绝对稳定的。而在工况 B-2 有时滞情况下,如图 3.7 所示,随着 ρ_m 从 0 逐渐增大,一阶固有模态始终处于单位圆内,而二阶固有模态在 $\rho_m=0.355$ 时由单位圆内穿出了单位圆,导致系统失稳,即说明系统的临界失稳条件为 $\rho_m^{cr}=0.355$,临界圆频率为 $\omega_m^{cr}=24.72\,\mathrm{rad/s}$;除了固有模态外,图中还产生了一条由时滞引起的根轨迹分支,称之为附加模态[87]。

对比图 3.6 和图 3.7 可以看出,时滞会引起系统的高阶模态发生畸变,从而导致系统失稳。下面研究上述两个工况中系统等效阻尼比 ζ_{eq} 的变化。ζ_{eq} 可以根据如下公式计算[67]:

$$\zeta_{eq}=-\frac{\ln(\sigma^2+\varepsilon^2)}{2\arctan(\varepsilon/\sigma)} \tag{3-18}$$

其中,σ 和 ε 为根轨迹中极点的实轴和虚轴坐标。图 3.6 和图 3.7 其实已经给出了特征极点对应的阻尼比 ζ_m,且在图 3.7 中临界失稳时的阻尼比为 $\zeta_m^{cr}=0$。

图 3.8 给出了工况 B-1 和工况 B-2 的等效阻尼比 ζ_{eq} 随 ρ_m 的变化图。从图中可以看出,当 $\rho_m=0$ 时,系统两阶固有模态的 ζ_{eq} 分别为 5% 和 3%,即为结构的两阶固有黏性阻尼比。当 ρ_m 变化时,工况 B-1 和工况 B-2 的 ζ_{eq} 变化规律有所差别:在工况 B-1 中,随着 ρ_m 增大,一阶固有模态的 ζ_{eq} 逐渐减小,当 $\rho_m=1$ 时,等效阻尼比降为 0,而二阶固有模态的 ζ_{eq} 逐渐增大,一二阶的 ζ_{eq} 始终大于 0,所以系统是稳定的;在工况 B-2 中,随着 ρ_m 增大,一阶固有模态的 ζ_{eq} 先稍有增大然后逐渐减小,当 $\rho_m=1$ 时,ζ_{eq} 降为 0,二阶固有模态的 ζ_{eq} 逐渐减小,并在 $\rho_m=0.355$ 时降低为 0。因此,MDOF-RTHS 系统失稳的原因在于时滞会引起高阶固有模态畸变,使得高阶模态对应 ζ_{eq} 降低至 0。

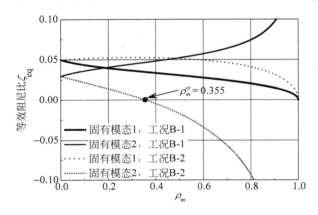

图 3.8　工况 B-1 和工况 B-2 的等效阻尼比 ζ_{eq} 随 ρ_m 变化曲线

3.3.2　参数影响分析

假定结构参数为 $\zeta_N=\zeta_P=\zeta$,$\omega_N=\omega_n$,$\omega_P=A\omega_n$,其中,ω_n 由 0 变化至 314rad/s,$A=\omega_P/\omega_N$ 为物理子结构和数值子结构的圆频率比。

首先,考虑时间参数对系统临界稳定条件的影响。假定结构特性参数为 $\zeta=0.05$,$A=0.5,1$ 和 2;计算时步 Δt 分别考虑取值 0.001s,0.01s 和 0.02s;时滞 τ 分别取值 0.01s 和 0.04s。图 3.9 给出了临界失稳界限的计算结果,并给出了基于连续根轨迹法[83,87]的稳定性分析结果,以比较离散和连续假定对 ρ_m^{cr} 的影响。

从图中可以看出,当 $\Delta t=0.001s$ 且 τ 相同时,基于离散假定和连续假定的临界失稳界限 ρ_m^{cr} 几乎完全一样,表明在 Δt 较小时,RTHS 系统相当于连续时间系统,验证了离散根轨迹法的准确性。在 τ 相同时,随着 Δt 的增

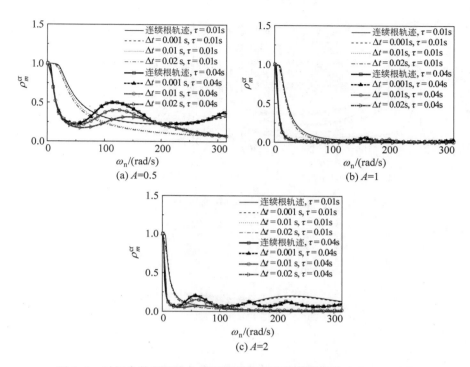

图 3.9　时间参数对两自由度系统的临界稳定性影响 ($\zeta_N = \zeta_P = 0.05$)

大,基于离散假定的 ρ_m^{cr} 都小于基于连续假定的 ρ_m^{cr}。这一现象一方面表明数值算法引起的离散化会降低系统的稳定性,另一方面也说明基于连续根轨迹法分析得到的临界失稳界限是不够安全的。当数值算法的 Δt 较大时,应该选择基于离散根轨迹法来进行稳定性分析。

时滞对系统稳定性的影响也十分明显,对于相同 Δt 的情况,随着时滞 τ 由 0.01s 增大到 0.04s,在低频段($\omega_n = 0 \sim 100 \text{rad/s}$)和高频段($\omega_n = 200 \sim 314 \text{rad/s}$),$\rho_m^{cr}$ 随时滞 τ 的增大而迅速降低;但是在中间频段($\omega_n = 100 \sim 200 \text{rad/s}$)的局部区域,反而出现了 ρ_m^{cr} 随时滞 τ 的增大而增大的现象。同时,在其他参数不变的情况下,随着 A 的增大,ρ_m^{cr} 逐渐变小,表明整体频率较低的结构更有利于时滞系统的稳定。

接着考虑结构阻尼比 ζ 对临界失稳界限 ρ_m^{cr} 的影响。图 3.10 给出了 $\Delta t = \tau = 0.01$s,$\zeta = 0.01, 0.05$ 和 0.1,$A = 0.5, 1$ 和 2 的 ρ_m^{cr} 随 ω_n 的变化曲线。ρ_m^{cr} 随着 ζ 增大而明显增大,表明 ζ 能显著提高系统的稳定性。在 ζ 确定时,ρ_m^{cr} 随着频率比 A 的增大而迅速减小,再次证明了物理子结构自振频率较低时

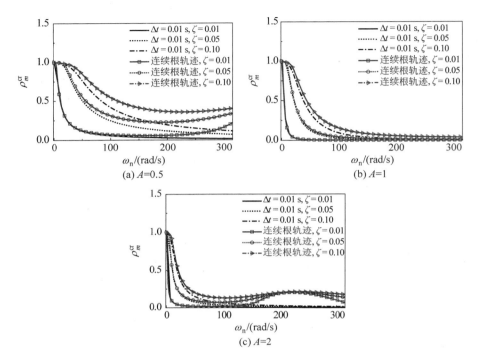

图 3.10 结构特性参数对两自由度系统的临界稳定性影响($\Delta t = \tau = 0.01$s)

更有利于系统的稳定性。

3.3.3 考虑不同时滞补偿算法的稳定性分析

上述研究表明,不管结构特性如何变化,时滞都会严重地降低系统的稳定性,从而给试验系统带来失稳的风险。因此,时滞补偿算法被提出用于改善系统稳定性。本节主要分析几种常用时滞补偿算法对 MDOF-RTHS 系统稳定性的影响规律。

考虑时滞补偿算法时,特征方程式(3-17)中的 $\boldsymbol{X}'_i(z)$ 为实际位移 $\boldsymbol{x}'_i$ 的 z 变换,是与补偿算法计算公式相关的项。假设当前计算时步为第 i 步($i\Delta t$ 时刻),时滞 τ 为计算时步的整数倍,即 $\tau = j\Delta t$,$i\Delta t + \tau$ 时刻的预测位移为 $\boldsymbol{x}^p_i$,则 $\boldsymbol{x}'_i$ 可以表示为

$$\boldsymbol{x}'_i = \boldsymbol{x}^p_{i-j} \tag{3-19}$$

$$\boldsymbol{X}'_i(z) = z^{-j}\boldsymbol{X}^p_i(z) \tag{3-20}$$

其中,$\boldsymbol{X}^p_i(z)$ 为 $\boldsymbol{x}^p_i$ 的 z 变换。若 τ 为 Δt 的非整数倍,则采用简化的线性内

插方法来计算实际位移 $\boldsymbol{x}_i'$ 及相应 z 变换 $\boldsymbol{X}_i'(z)$。以 $\tau = 0.5\Delta t$ 为例,此时 $\boldsymbol{x}_i'$ 可采用下式计算:

$$\boldsymbol{x}_i' = 0.5(\boldsymbol{x}_i^p + \boldsymbol{x}_{i-1}^p) \tag{3-21}$$

公式(3-21)的 z 变换形式为

$$\boldsymbol{X}_i'(z) = 0.5(1 + z^{-1})\boldsymbol{X}_i^p(z) \tag{3-22}$$

采用如表 3.1 所示的三阶多项式预测补偿法,Newmark 显式预测法(NEPM)、线性加速度预测法(LAPM)和基于双显式算法的预测补偿法(DEPM)等四种预测补偿法来研究。仍以图 3.5 的两自由度结构为例,结构参数假定 $\zeta_N = \zeta_P = \zeta$,$\omega_N = \omega_P = \omega_n$。考虑如下四种工况:(1) $\Delta t = 0.01$s,$\tau = 0.01$s;(2) $\Delta t = 0.01$s,$\tau = 0.02$s;(3) $\Delta t = 0.02$s,$\tau = 0.01$s;(4) $\Delta t = 0.02$s,$\tau = 0.02$s。

表 3.1　时滞预测补偿算法计算公式

算法	计算公式
三阶多项式	$\boldsymbol{x}_i^p = \sum\limits_{k=0}^{3} A_k \boldsymbol{x}_{i-k}$
NEPM	$\boldsymbol{x}_i^p = \boldsymbol{x}_{i-1} + (\Delta t + \tau)\dot{\boldsymbol{x}}_{i-1} + \dfrac{1}{2}(\Delta t + \tau)^2 \ddot{\boldsymbol{x}}_{i-1}$
LAPM	$\begin{cases} \boldsymbol{x}_i^p = \boldsymbol{x}_{i-1} + (\Delta t + \tau)\dot{\boldsymbol{x}}_{i-1} + \dfrac{1}{3}(\Delta t + \tau)^2 \ddot{\boldsymbol{x}}_{i-1} + \dfrac{1}{6}(\Delta t + \tau)^2 \ddot{\boldsymbol{x}}_i^p \\ \ddot{\boldsymbol{x}}_i^p = \ddot{\boldsymbol{x}}_{i-1} + \dfrac{\Delta t + \tau}{\Delta t}(\ddot{\boldsymbol{x}}_{i-1} - \ddot{\boldsymbol{x}}_{i-2}) \end{cases}$
DEPM	$\begin{cases} \boldsymbol{x}_i^p = \boldsymbol{x}_i + \tau\dot{\boldsymbol{x}}_i + \tau^2 \boldsymbol{\alpha}\ddot{\boldsymbol{x}}_i^p \\ \ddot{\boldsymbol{x}}_i^p = 5\ddot{\boldsymbol{x}}_{i-1} - 10\ddot{\boldsymbol{x}}_{i-2} + 10\ddot{\boldsymbol{x}}_{i-3} - 5\ddot{\boldsymbol{x}}_{i-4} + \ddot{\boldsymbol{x}}_{i-5} \end{cases}$

图 3.11 给出了当 $\Delta t = 0.01$s,$\tau = 0.01$s 时的临界失稳界限 ρ_m^{cr}。当阻尼比 $\zeta = 0.01$ 时,所有补偿算法都能显著地提高低频段(0~100rad/s)的 ρ_m^{cr};

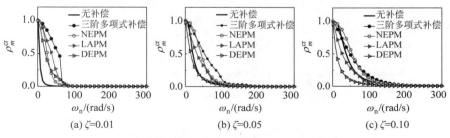

图 3.11　考虑补偿算法下的临界失稳界限($\Delta t = 0.01$s,$\tau = 0.01$s)

当阻尼比增大到 $\zeta=0.05$ 时,除 DEPM 略微降低了 ρ_m^{cr} 外,其他三种补偿方法都能有效地改善稳定条件;当 $\zeta=0.10$ 时,三阶多项式补偿法和 NEPM 仍能提高低频段的 ρ_m^{cr},但 LAPM 和 DEPM 却使得 ρ_m^{cr} 降低。由于阻尼比的增大有利于无补偿工况下 ρ_m^{cr} 的提高,而补偿算法能引入的正阻尼有限,所以在图 3.11(a)到图 3.11(c)的变化趋势可以看出,时滞补偿算法对低阻尼比工况下的补偿效果更为明显。图 3.12～图 3.14 分别给出了 Δt 和 τ 逐渐增大时相应的 ρ_m^{cr}。与图 3.11 相比,当时滞 τ 增大时,ρ_m^{cr} 有所降低,但基本规律

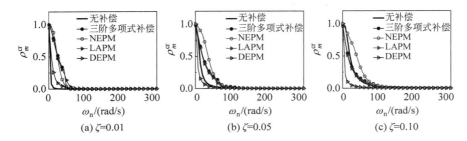

图 3.12　考虑补偿算法下的临界失稳界限($\Delta t=0.01\mathrm{s}$,$\tau=0.02\mathrm{s}$)

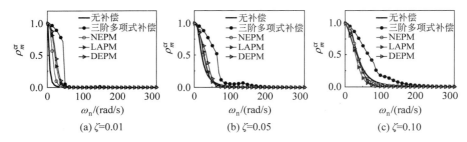

图 3.13　考虑补偿算法下的临界失稳界限($\Delta t=0.02\mathrm{s}$,$\tau=0.01\mathrm{s}$)

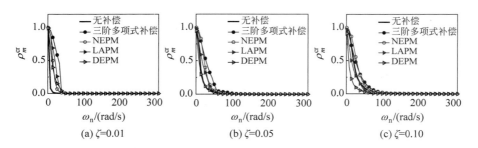

图 3.14　考虑补偿算法下的临界失稳界限($\Delta t=0.02\mathrm{s}$,$\tau=0.02\mathrm{s}$)

与图 3.11 一致。但是当 $\zeta < 0.05$ 时，DEPM 在低频段的 ρ_m^{cr} 明显高于无补偿时对应的 ρ_m^{cr}，说明 DEPM 更适合于 Δt 较大且阻尼比 ζ 较低的情况。

在 3.3.1 节中提到，系统的固有模态对应着结构模态。为了验证 DEPM 既能一定程度上提高系统稳定性，还能显著改善精度，下面将从根轨迹形态的角度来分析各补偿算法对精度的影响。结构参数为 $\omega_N =$ 12.57rad/s，$\zeta_N = 0.05$，$\omega_P = 18.85$rad/s，$\zeta_P = 0.03$，时间参数为 $\Delta t = 0.02$s 和 $\tau = 0.02$s。则四种补偿算法下的根轨迹的一个共轭分支如图 3.15 所示。从图中可以看出，当考虑纯时滞条件时，系统的一、二阶固有模态都发生了剧烈畸变；而当考虑了补偿算法时，四种补偿算法下一阶固有模态都得到了较好的修正，和无时滞时的一阶固有模态基本重合；而二阶固有模态中，DEPM 与无时滞的二阶固有模态吻合度最高，表明采用 DEPM 进行时滞补偿的精度最高。这一结论也与第 2 章中 DEPM 精度验证的研究成果吻合。

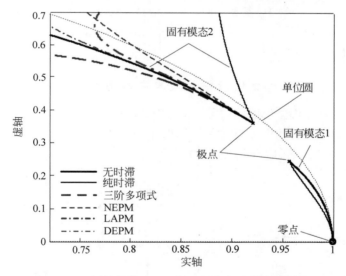

图 3.15　不同补偿算法下根轨迹形态与系统精度的关系

总之，四种补偿算法在结构阻尼比较小时都能够有效地提高系统的稳定性。随着阻尼比、计算时步和时滞量的变化，三阶多项式都能够在一定程度上提高系统的临界失稳界限，而其他三种基于数值算法的时滞补偿法在某些条件下反而会降低系统的稳定性。另外，DEPM 更适用于计算时步较大且结构阻尼比小的情况，虽然其对稳定性的贡献稍小于其他补偿算法，但对于提高精度却有明显的优势。

3.4 时滞稳定性的 RTHS 验证

在之前的研究中,一般采用数值模拟来对时滞稳定性理论结论进行验证。近年来,数值子结构已经广泛采用 FE 模型来模拟,相应的试验结果也表明 FE-RTHS 能够较好地模拟复杂或者大规模数值子结构的动力响应。因此,本节将开展考虑单源时滞和多源时滞的 FE-RTHS 系统稳定性试验验证。

首先通过前述基于离散根轨迹法的时滞稳定性分析模型来获得临界失稳界限,然后通过 RTHS 来验证理论稳定界限的准确性。单源时滞和多源时滞分别通过采用单振动台和双振动台加以考虑。在下面的 RTHS 中,采用第 2 章提出的双目标机 RTHS 系统来进行数值子结构的求解,数值积分算法采用 Gui-$\lambda(\lambda=4)$ 子算法,计算时步取 $\Delta t = 20/2048\mathrm{s}$;由于两个振动台时滞基本相同,都约为 $\tau = 20/2048\mathrm{s}$,因此系统总时滞为 $\tau_{\mathrm{total}} = 40/2048\mathrm{s}$;采用 NEPM 来进行时滞补偿。

3.4.1 考虑有限元数值子结构及单源时滞

首先进行考虑单源时滞的 FE-RTHS 系统的稳定性验证。整体结构模型如图 3.16 所示,其中上部的单层钢架作为物理子结构;而下部的地基作为数值子结构,采用 FE 模型进行数值求解。

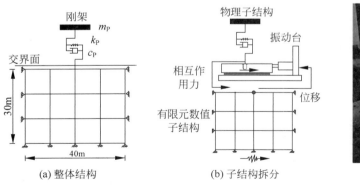

| (a) 整体结构 | (b) 子结构拆分 | (c) 单层钢架 |

图 3.16 单源时滞的 RTHS 稳定性验证模型

地基模型尺寸为 $40\mathrm{m} \times 30\mathrm{m}$,采用固定边界,共有 12 个四节点矩形实体单元,40 个自由度。地基材料分别为:密度 $\rho_s = 1180\mathrm{kg/m^3}$,弹性模量

$E=600\mathrm{MPa}$，泊松比 $\nu=0.2$。地基阻尼采用 Rayleigh 阻尼，阻尼比为 ζ_N，该值可以随意调整。

地基相似比尺取质量比尺、加速度比尺和频率比尺分别为 $C_m=2\times10^4$，$C_a=1$，$C_f=1$；则 RTHS 中 FE 数值子结构的密度和弹模分别为 $0.059\mathrm{kg/m^3}$ 和 $0.03\mathrm{MPa}$，总质量为 $m_N=0.059\times30\times40=70.8\mathrm{kg}$。作为物理子结构的单层钢架的结构参数分别为：$m_P^{real}=5.28\mathrm{kg}$，$f_P=6.2\mathrm{Hz}$，$\zeta_P=4.2\%$。因此物理子结构的质量比例系数为 $\rho_m^{real}=m_P^{real}/(m_P^{real}+m_N)=0.069$。由于地基和钢架的质量都已知，所以 ρ_m^{real} 是一个定值。尽管如此，本节还是把物理子结构质量 m_P 作为增益 K_{el} 进行基于离散根轨迹的时滞稳定性分析，通过调整 ζ_N 值来获得合适的临界失稳界限。临界失稳界限仍采用临界质量比例系数 $\rho_m^{cr}=m_P^{cr}/(m_P^{cr}+m_N)$ 来表示。

在 RTHS 试验中，由于诸多因素的影响，RTHS 系统失稳的过程是十分迅速的。为了准确地捕捉到 RTHS 系统的失稳状态，需要选择离临界失稳界限 ρ_m^{cr} 比较接近的质量参数来进行试验。但是在本试验中，由于实际试验的 ρ_m^{real} 已知，需要不断调整 ζ_N 获得比较接近 ρ_m^{real} 的 ρ_m^{cr} 值。因此，设计了如表 3.2 所示的 5 个工况（C-1～C-5）来进行理论分析和 RTHS 试验的对比；表中同时给出了时滞稳定性分析的理论稳定界限。

表 3.2　单源时滞 FE-RTHS 系统稳定性理论分析工况

工况	ζ_N	时滞补偿算法	ρ_m^{cr}	$\omega_m^{cr}/(\mathrm{rad/s})$	理论稳定状态
C-1	0.06	无	0.062（<0.069）	83.07	失稳
C-2	0.10	无	0.078（>0.069）	82.61	稳定
C-3	0.10	NEPM	0.036（<0.069）	112.86	失稳
C-4	0.40	NEPM	0.065（<0.069）	115.48	失稳
C-5	0.60	NEPM	0.081（>0.069）	117.97	稳定

工况 C-1 和工况 C-2 的 ζ_N 分别为 0.06 和 0.10 的纯时滞工况，通过时滞稳定性分析得到 ρ_m^{cr} 分别为 0.062 和 0.078，由于 $\rho_m^{real}=0.069$，因此理论上讲，工况 C-1 会出现失稳，而工况 C-2 将保持稳定。工况 C-3 是在工况 C-2 的基础上考虑采用 NEPM 进行时滞补偿，可以发现 NEPM 补偿后的 ρ_m^{cr} 反而降低至 0.036，因此系统也将出现失稳，且失稳速度可能会快于工况 C-1。工况 C-4 和工况 C-5 是在工况 3 的基础上，增大 ζ_N 来提高系统的稳定性：工况 C-4 中当 $\zeta_N=0.40$ 时，$\rho_m^{cr}=0.065$，系统仍会失稳；继续增大 ζ_N 至 0.60 时，工况 C-5 的 ρ_m^{cr} 提高至 0.081，系统将保持稳定。需要说明的是，工况 C-4

和工况 C-5 的阻尼比 ζ_N 取值较大是为了获得较为合适的失稳界限。

　　图 3.17 还给出了工况 C-2 和工况 C-3 在有无时滞补偿时,时滞系统根轨迹的对比图。工况 C-2 中,当系统为纯时滞条件时,高阶固有模态畸变,在 $\rho_m^{cr}=0.078$ 时穿出单位圆,引起失稳;而在工况 C-3 中,采用 NEPM 进行时滞补偿时,所有的固有模态都位于单位圆内,但是由时滞补偿引入的附加模态在 $\rho_m^{cr}=0.036$ 时就穿出单位圆,导致失稳。

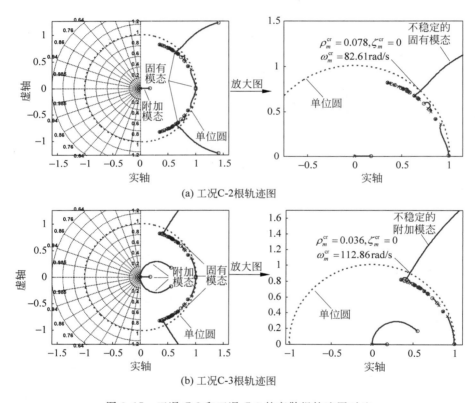

(a) 工况C-2根轨迹图

(b) 工况C-3根轨迹图

图 3.17　工况 C-2 和工况 C-3 的离散根轨迹图对比

　　根据上述理论稳定性分析结果,设计了对应工况 C-1～工况 C-5 的 5组 RTHS 试验,编号为 T-C-1～T-C-5。在五组试验中,所采用的 ρ_m^{real} 都相同,为 0.069。激励荷载采用幅值为 0.1g,频率 2.5Hz 的正弦波。作为对比,采用 ABAQUS 对相应的整体结构进行了无时滞的纯数值计算,作为精确解。表 3.3 汇总了试验的实际稳定状态、失稳频率及动力响应误差等结果。图 3.18～图 3.22 给出了钢架底部的动力响应的试验和数值计算结果。为了方便失稳状态分析,对于稳定的 RTHS,只给出了位移结果;而对于失稳的 RTHS,同时给出了位移和加速度结果。

表 3.3　单源时滞 FE-RTHS 系统稳定性试验结果

试验编号	对应理论工况	试验稳定状态	失稳频率 $\omega_m^{cr}/(rad/s)$		位移响应相对误差/%
			理论值	试验值	
T-C-1	C-1	失稳	83.07	89.80	—
T-C-2	C-2	稳定	82.61	无	13.46
T-C-3	C-3	失稳	112.86	—	
T-C-4	C-4	失稳	115.48	134.64	—
T-C-5	C-5	稳定	117.97	无	11.13

图 3.18 给出了试验组 T-C-1 的动力响应结果。从图中可以看出,钢架的位移和加速度响应都随着时间而逐渐振荡发散,幅值不断增大,最终加速度超出了振动台所能提供的最大加速度,导致试验失稳。试验的真实稳定状态与理论分析结果相同。从图 3.18(b) 和图 3.18(d) 的傅里叶谱也可以看出,相比于 ABAQUS 的参照解,RTHS 试验的位移和加速度响应结果中都出现了一个高频成分,约为 14.3Hz,相应圆频率为 89.9rad/s,这也与理论分析的失稳圆频率 $\omega_m^{cr} = 83.07rad/s$(见表 3.3)比较吻合,表明理论分析

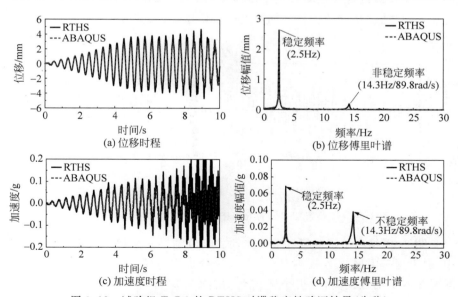

图 3.18　试验组 T-C-1 的 RTHS 时滞稳定性验证结果(失稳)

的失稳频率结果也比较准确。此外,对比图 3.18(a)和图 3.18(c)可以发现,高失稳频率的出现,使得加速度的失稳快于位移失稳。

图 3.19 给出了试验组 T-C-2 的动力响应结果。位移响应在整个试验过程中保持稳定,没有高频成分出现,表明试验是稳定的,这也与理论分析工况 C-2 中的结果相同。

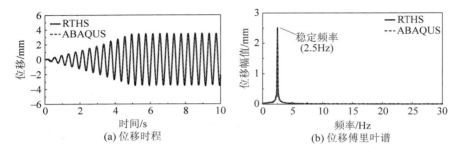

(a) 位移时程　　　　　　　　　(b) 位移傅里叶谱

图 3.19　试验组 T-C-2 的 RTHS 时滞稳定性验证结果(稳定)

图 3.20 给出了试验组 T-C-3 的试验结果。该组试验所在理论工况 C-3 是在工况 C-2 基础上采用 NEPM 进行时滞补偿。由于 NEPM 时滞补偿降低了 RTHS 系统的稳定性,使得失稳界限 ρ_m^{cr} 远小于 ρ_m^{real}(见表 3.2),因此从图中可以发现在试验过程中位移和加速度都瞬间失稳。由于失稳发生迅速,无法捕捉足够的位移和加速度进行傅里叶谱分析,但从时程结果上也能够证明理论稳定性分析的准确性。

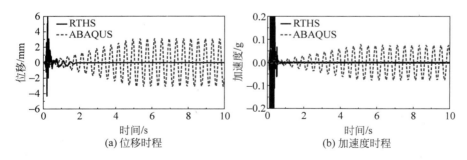

(a) 位移时程　　　　　　　　　(b) 加速度时程

图 3.20　试验组 T-C-3 的 RTHS 时滞稳定性验证结果(失稳)

图 3.21 给出了试验组 T-C-4 的动力响应结果。在对应的理论工况 C-4 中,由于地基阻尼比 ζ_N 提高至 0.40,理论分析的临界失稳界限 ρ_m^{cr} 相比于工况 C-3 有了明显提高,但仍小于 ρ_m^{real}。从图 3.21(a)的位移时程和图 3.21(c)的加速度时程看,虽然在短时间内位移保持稳定,但是加速度时程还是

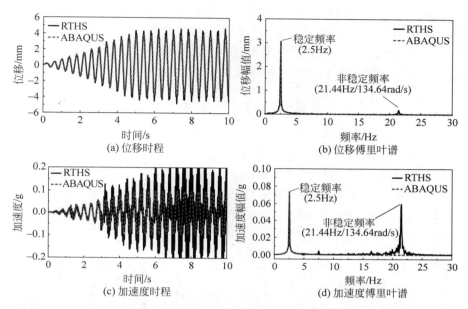

图 3.21　试验组 T-C-4 的 RTHS 时滞稳定性验证结果（失稳）

一直在缓慢地发散，最终引起试验失稳。从图 3.21(b)位移傅里叶谱结果看，位移时程虽然保持稳定，但是仍然引入了高频成分；从图 3.21(d)加速度傅里叶谱看，加速度时程中的高频成分十分明显，所对应的频率约为 21.44Hz，圆频率为 134.64rad/s，这与理论分析的失稳频率 115.48rad/s 接近。

最后，图 3.22 给出了试验组 T-C-5 的动力响应结果。当地基阻尼比 ζ_N 提高至 0.60 时，理论分析的失稳界限 ρ_m^{cr} 提高至 0.081，位移结果重新回到稳定状态，傅里叶谱图中也未出现附加的高频成分。

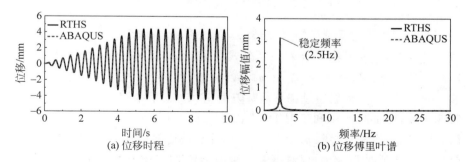

图 3.22　试验组 T-C-5 的 RTHS 时滞稳定性验证结果（稳定）

此外,对于稳定的工况,还计算了 RTHS 结果与 ABAQUS 数值结果的相对误差,如表 3.3 所示。对于无时滞补偿的试验组 T-C-2,位移结果的相对误差为 13.46%;而对于采用 NEPM 进行时滞补偿的试验组 T-C-5,位移结果的相对误差为 11.03%,相对来说 NEPM 提高了时滞系统的精度。

3.4.2 考虑有限元数值子结构及多源时滞

本节通过对一个双钢架-FE 地基模型(图 3.23)进行 RTHS 的时滞稳定性验证,来研究多源时滞下的 RTHS 稳定特性。两个振动台性能相同,时滞特性也基本相同,因此将两振动台时滞简化为 $\tau_1 = \tau_2 = 20/2048 \mathrm{s}$。两个单层钢架作为物理子结构,分别采用两个振动台进行加载,两个钢架的参数如表 3.4 所示,其中钢架 1 和 FE 地基模型与 3.4.1 节所采用模型完全相同。

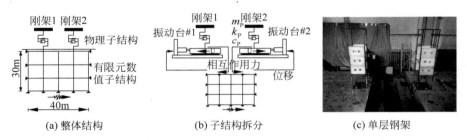

图 3.23 多源时滞的 FE-RTHS 稳定性验证模型

表 3.4 钢架结构参数

钢架	质量/kg	自振频率/Hz	结构阻尼比/%
钢架 1	5.28	6.2	4.2
钢架 2	5.20	6.3	4.4

假定钢架 1 的质量已知,把钢架 2 的质量 m_P 当作增益 K_{cl} 来进行时滞稳定性分析,临界失稳界限的计算公式为 $\rho_m^{cr} = m_P^{cr}/(m_P^{cr} + m_N)$。对于钢架 2,真实的质量比例系数为 $\rho_m^{real} = m_P^{real}/(m_P^{real} + m_N) = 0.068$,为已知量;因此和 3.4.1 节类似,仍然通过调整地基阻尼比 ζ_N 来获得合适的 ρ_m^{cr}。考虑两个特殊工况,即工况 D-1 和工况 D-2,如表 3.5 所示。工况 D-1 为纯时滞工况,理论的临界失稳界限 ρ_m^{cr} 为 0.110;因此在进行 RTHS 试验时,系统将保持稳定。在工况 D-2 中,仅对钢架 2 采用 NEPM 进行时滞补偿,得到的理论临界失稳界限 ρ_m^{cr} 为 0.032,因此 RTHS 系统可能失稳。

表 3.5　多源时滞 FE-RTHS 系统稳定性理论分析工况

工况	ζ_N	时滞补偿算法		ρ_m^{cr}	$\omega_m^{cr}/(\text{rad/s})$	理论稳定状态
		钢架 1	钢架 2			
D-1	0.10	无	无	0.110(>0.068)	83.07	稳定
D-2	0.10	无	NEPM	0.032(<0.068)	107.23	失稳

接下来进行了对应工况 D-1 和工况 D-2 的 RTHS 试验,分别定义为试验组 T-D-1 和 T-D-2,动力响应结果如图 3.24 和图 3.25 所示。在图 3.24 中,试验组 T-D-1 的两个钢架的位移响应始终保持稳定,没有出现高频失稳频率,因此 RTHS 系统在整个试验过程中都保持稳定,与理论结果相符。

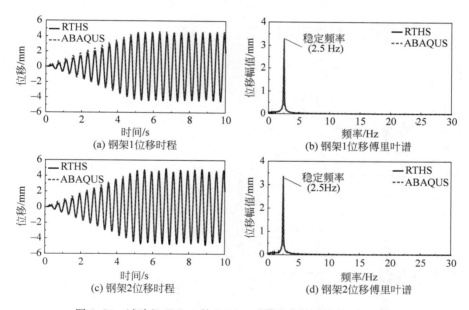

图 3.24　试验组 T-D-1 的 RTHS 时滞稳定性验证结果(稳定)

图 3.25 给出了试验组 T-D-2 的响应结果。如图 3.25(a)~(d)所示,钢架 1 的位移和加速度在试验过程中都暂时保持稳定。而在图 3.25(e)~(h)中,钢架 2 的加速度响应随着加载进行不断放大最终导致试验失稳;从钢架的位移和加速度傅里叶谱中,可以发现明显的高频成分。通过频谱分析,可以得到失稳频率为 21.26Hz,相应圆频率为 133.51rad/s,与 $\omega_m^{cr}=107.23\text{rad/s}$ 接近。

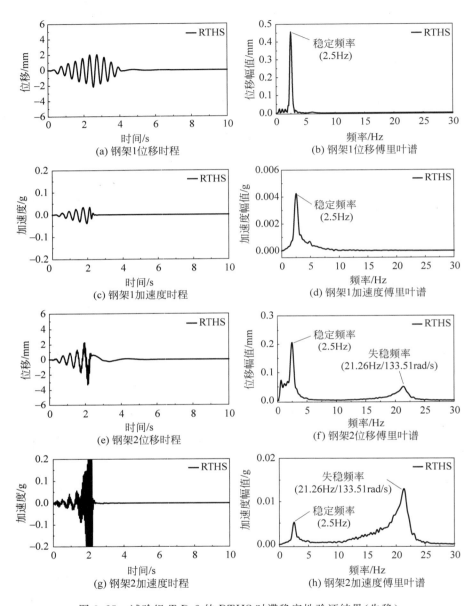

图 3.25　试验组 T-D-2 的 RTHS 时滞稳定性验证结果（失稳）

综上,本章提出的基于离散根轨迹法的时滞稳定性分析模型能够比较精确地分析出 MDOF-RTHS 系统的时滞特性及稳定界限。同时,相应的 RTHS 试验也证明了该时滞分析模型的可靠性。

3.5　本 章 小 结

本章基于离散根轨迹法构建了 MDOF-RTHS 系统的时滞稳定性分析模型,能够综合考虑结构参数、数值算法、多源时滞、时滞补偿算法对时滞稳定性的影响。首先通过理论分析研究了时滞的失稳机制及参数影响规律,然后通过 RTHS 验证了理论分析的精度。得到的主要结论如下:

(1) 两自由度结构纯时滞的稳定性分析结果表明:时滞的出现使得结构的二阶(高阶)模态根轨迹发生畸变,引起根轨迹穿出单位圆失稳。通过对结构等效阻尼比分析表明,时滞引起失稳的主要原因在于时滞使得结构的二阶(高阶)固有模态出现负阻尼效应,当系统的总阻尼为负值时,整体结构出现失稳。

(2) 基于离散根轨迹法的失稳界限要小于基于连续根轨迹法的失稳界限,表明数值积分算法会降低系统的稳定性。参数影响分析表明,系统的失稳界限随着计算时步和时滞量的增大而降低,随着结构阻尼比的增大而增大。

(3) 时滞补偿算法在结构阻尼比较小及时滞较大的情况下能够显著提高系统的失稳界限,在某些情况下反而会降低系统的稳定性;但是从根轨迹的变化形态可以发现时滞稳定性能够提高系统的精度。第 2 章中提出的基于双显式位移预测法更适合计算时步较大且阻尼比较低的情况。

(4) 单源时滞和多源时滞的 FE-RTHS 时滞稳定性验证试验证明了提出的时滞稳定性模型能够获得比较准确的失稳界限和失稳频率,并进一步证明了时滞补偿算法可能会降低系统稳定性。同时加速度量先于位移量发生失稳,因此试验中需要对振动台加速度设置阈值,保护试验设备安全。总之,随着 MDOF-RTHS 的发展,本章提出的时滞稳定性模型可以为今后的试验稳定性设计提供一定的参考依据。

第4章　不同数值积分算法的时滞
稳定性和精度分析

4.1　引　　论

数值积分算法求解数值子结构是 RTHS 中的一个重要环节,其中显式积分算法的应用尤为普遍。除了传统的条件稳定的显式算法之外,近年来诸如 CR 算法[41]、Gui-λ 算法[45]、KR-α 算法[46]等无条件稳定的显式算法相继被提出。但是,目前对于不同数值积分算法在时滞 RTHS 系统中的性能变化这一课题鲜有深入研究,因此,探讨不同特性的显式算法应用于RTHS 时对系统稳定性和精度的影响十分重要,特别是对今后试验中算法的选择具有一定的指导意义。

本章以几类常用的显式算法作为研究对象,采用第 3 章提出的时滞稳定性分析模型来分析时滞 RTHS 系统各个算法的时滞稳定性和精度的变化。接着通过数值模拟和 RTHS 试验验证了理论时滞分析结果,讨论了RTHS 中算法选择问题。

4.2　不同数值积分算法在 RTHS 系统中的特性变化

4.2.1　典型数值积分算法简介

本章选用了七组常用的显式积分算法,包括:中心差分法 CDM;Newmark 显式算法;Chang[38] 于 2002 年提出的一组显式算法 Chang(2002);Gui-λ 算法[45]中的三种特例($\lambda = 2, 4$ 和 $\lambda = 11.5$);以及 KR-α 算法[46]中 $\rho_{\infty} = 0.2$ 的特例。算法的基本性质如表 4.1 所示。CDM 和 Newmark 显式算法的稳定和精度特性相同,区别在于前者需要两步启动。在 Gui-λ 法中,当 $\lambda = 2$ 和 $\lambda = 4$ 时,算法是无条件稳定的,特别是当 $\lambda = 4$ 时,算法即为 CR 算法;而当 $\lambda = 11.5$ 时,算法为无条件稳定,但具有最高的精度。KR-α 算法是一族含有可控数值阻尼的显式无条件稳定的积分算法,数值阻尼的

表 4.1　常用显式数值积分算法数值特性

数值算法	时域积分公式	稳定条件	数值阻尼
CDM	$\begin{cases}\dot{x}_i = \dfrac{1}{2\Delta t}(x_{i+1} - x_{i-1})\\[2mm]\ddot{x}_i = \dfrac{1}{\Delta t^2}(x_{i+1} - 2x_i + x_{i-1})\end{cases}$	$\Delta t \leq 2/\omega_n$	无
Newmark 显式	$\begin{cases}x_i = x_{i-1} + \Delta t \dot{x}_{i-1} + \dfrac{1}{2}\Delta t^2 \ddot{x}_{i-1}\\[2mm]\dot{x}_i = \dot{x}_{i-1} + \dfrac{\Delta t}{2}(\ddot{x}_{i-1} + \ddot{x}_i)\end{cases}$	$\Delta t \leq 2/\omega_n$	无
Chang(2002)	$\begin{cases}x_i = x_{i-1} + \beta_1 \Delta t \dot{x}_{i-1} + \beta_2 \Delta t^2 \ddot{x}_{i-1}\\[2mm]\dot{x}_i = \dot{x}_{i-1} + \dfrac{\Delta t}{2}(\ddot{x}_{i-1} + \ddot{x}_i)\end{cases}$ 其中 $\begin{cases}\beta_1 = \left[I + \dfrac{1}{2}\Delta t M^{-1}C + \dfrac{1}{4}\Delta t^2 M^{-1}K\right]^{-1}\left[I + \dfrac{1}{2}\Delta t M^{-1}C\right]\\[2mm]\beta_2 = \dfrac{1}{2}\left[I + \dfrac{1}{2}\Delta t M^{-1}C + \dfrac{1}{4}\Delta t^2 M^{-1}K\right]^{-1}\end{cases}$	无条件稳定	无
Gui-λ算法 (λ=2, 4 和 11.5)	$\begin{cases}x_i = x_{i-1} + \Delta t \dot{x}_{i-1} + \alpha \Delta t^2 \ddot{x}_{i-1}\\[2mm]\dot{x}_i = \dot{x}_{i-1} + \alpha \ddot{x}_{i-1}\end{cases}$ 其中 $\alpha = 2\lambda[2\lambda M + \lambda \Delta t C + 2\Delta t^2 K]^{-1}M$	$\lambda = 2, 4$：无条件稳定 $\lambda = 11.5$：$\Delta t \leq \sqrt{4\lambda/(\lambda-4)}/\omega_n$	无
KR-α算法 (ρ∞=0.2)	$\begin{cases}\dot{x}_i = \dot{x}_{i-1} + \alpha_1 \ddot{x}_{i-1}\\[2mm]x_i = x_{i-1} + \Delta t \dot{x}_{i-1} + \alpha_2 \Delta t^2 \ddot{x}_{i-1}\\[2mm]M\hat{\ddot{x}}_{i-\alpha_f} + C\dot{x}_{i-\alpha_f} + Kx_{i-\alpha_f} = F_{i-\alpha_f}\end{cases}$ 其中 $\begin{cases}\hat{\ddot{x}}_i = (I - \alpha_3)\ddot{x}_i + \alpha_3 \ddot{x}_{i-1}\\[2mm]\dot{x}_{i-\alpha_f} = (1-\alpha_f)\dot{x}_i + \alpha_f \dot{x}_{i-1}\\[2mm]x_{i-\alpha_f} = (1-\alpha_f)x_i + \alpha_f x_{i-1}\\[2mm]F_{i-\alpha_f} = (1-\alpha_f)F_i + \alpha_f F_{i-1}\end{cases}$	无条件稳定	有

大小通过参数 ρ_∞ 控制。当 $\rho_\infty=1$ 时，算法退化为 CR 算法，无数值阻尼；而当 $0<\rho_\infty<1$ 时，算法具备数值阻尼，且 ρ_∞ 越小，数值阻尼越大，本书取 $\rho_\infty=0.2$ 对应子算法。

4.2.2　理论分析

首先分析时滞对不同算法在 RTHS 系统精度的数学依据。以图 3.5 的两自由度结构为例，考虑时滞的系统动力方程为

$$\boldsymbol{M}\ddot{\boldsymbol{x}}_i + \boldsymbol{C}_1\dot{\boldsymbol{x}}_i + \boldsymbol{K}_1\boldsymbol{x}_i + \boldsymbol{C}_2\dot{\boldsymbol{x}}_i' + \boldsymbol{K}_2\boldsymbol{x}_i' = \boldsymbol{F}_i \tag{4-1}$$

$$\boldsymbol{M} = \begin{bmatrix} m_P & 0 \\ 0 & m_N \end{bmatrix},\ \boldsymbol{K}_1 = \begin{bmatrix} k_P & -k_N \\ 0 & k_N \end{bmatrix},\ \boldsymbol{K}_2 = \begin{bmatrix} k_N & 0 \\ -k_N & 0 \end{bmatrix},$$

$$\boldsymbol{C}_1 = \begin{bmatrix} c_P & -c_N \\ 0 & c_N \end{bmatrix},\ \boldsymbol{C}_2 = \begin{bmatrix} c_N & 0 \\ -c_N & 0 \end{bmatrix} \tag{4-2}$$

其中，$k_1=m_1\omega_1^2$，$c_1=2m_1\zeta_1\omega_1$（I=1,2）。以 CDM 算法为例求解上述动力方程，可以得到特征方程为

$$1+G(z)H(z) = 1+\mu_m\frac{h(z)\cdot(n_4z^4+n_3z^3+n_2z^2+n_1z^1+n_0)}{d_4z^4+d_3z^3+d_2z^2+d_1z^1+d_0}=0 \tag{4-3}$$

其中多项式的各分项系数如表 4.2 所示。

表 4.2　特征方程的多项式系数

	分子		分母
n_4	$\zeta_2\omega_2\Delta t$	d_4	$1+\zeta_1\omega_1\Delta t+\zeta_2\omega_2\Delta t+\zeta_1\zeta_2\omega_1\omega_2\Delta t^2$
n_3	$\Delta t^2\omega_2^2-2\zeta_2\omega_2\Delta t$	d_3	$\zeta_2\omega_1^2\omega_2\Delta t^3+\zeta_1\omega_1\omega_2^2\Delta t^3+(\omega_1^2+\omega_2^2)\Delta t^2-2(\zeta_1\omega_1+\zeta_2\omega_2)\Delta t-4$
n_2	$-2\Delta t^2\omega_2^2$	d_2	$\omega_1^2\omega_2^2\Delta t^4-2(\omega_1^2+\omega_2^2)\Delta t^2-2\zeta_1\zeta_2\omega_1\omega_2\Delta t^2-6$
n_1	$\Delta t^2\omega_2^2+2\zeta_2\omega_2\Delta t$	d_1	$-\zeta_2\omega_1^2\omega_2\Delta t^3-\zeta_1\omega_1\omega_2^2\Delta t^3+(\omega_1^2+\omega_2^2)\Delta t^2+2(\zeta_1\omega_1+\zeta_2\omega_2)\Delta t-4$
n_0	$-\zeta_2\omega_2\Delta t$	d_0	$\zeta_1\zeta_2\omega_1\omega_2\Delta t^2-(\zeta_1\omega_1+\zeta_2\omega_2)\Delta t+1$

根据 RTHS 系统闭环传递函数，即公式(3-2)，可以得出输出位移与输入荷载之间的关系为

$$\boldsymbol{X}_i(z) = \frac{G(z)}{1+G(z)H(z)}\boldsymbol{F}_i(z) \tag{4-4}$$

由于外荷载是已知的常量，因此 $\boldsymbol{F}_i(z)$ 为常数项；对于给定的结构，参照

表 4.2,$G(z)$ 和 $H(z)$ 仅为与时间量相关的函数,可以表示为 $G(z)=G(\Delta t,z)$,$H(z)=H(\Delta t,\tau,z)$。以 Δt 或者 τ 变量,对公式(4-4)两边取微分,可以得到:

$$\mathrm{d}\boldsymbol{X}_i(z) = \frac{\boldsymbol{F}_i(z)}{[1+G(z)H(z)]^2}\mathrm{d}G(z) - \frac{\boldsymbol{F}_i(z)G^2(z)}{[1+G(z)H(z)]^2}\mathrm{d}H(z)$$

$$(4\text{-}5)$$

进一步可以写成:

$$\frac{\mathrm{d}\boldsymbol{X}_i(z)}{\boldsymbol{X}_i(z)} = \frac{1}{G(z)[1+G(z)H(z)]}\mathrm{d}G(z) - \frac{G(z)}{[1+G(z)H(z)]}\mathrm{d}H(z)$$

$$(4\text{-}6)$$

从公式(4-6)可以看出,当 Δt 或者 τ 变化时,输入位移 $\boldsymbol{X}_i(z)$ 也会发生变化,表明计算时步和时滞都会影响到系统精度。因此,可以从离散控制理论角度采用根轨迹法来分析不同算法在 RTHS 系统的时滞稳定性精度。

4.3　数值算法的时滞稳定性分析

4.3.1　纯时滞条件下的时滞稳定性分析

首先进行纯时滞条件下的时滞稳定性分析。仍以图 3.5 的两自由度结构为例,结构参数为:$\omega_N=12.57\mathrm{rad/s}$,$\zeta_N=5\%$;$\omega_P=18.85\mathrm{rad/s}$,$\zeta_P=3\%$。考虑如下工况:

工况 E-1:$\Delta t=0.01\mathrm{s}$,$\tau=0$;

工况 E-2:$\Delta t=0.01\mathrm{s}$,$\tau=0.01\mathrm{s}$;

工况 E-3:$\Delta t=0.001\mathrm{s}$,$\tau=0.01\mathrm{s}$。

图 4.1 给出了不同积分算法在工况 E-1 条件下的 RTHS 系统根轨迹图。不同算法时的根轨迹形态差别很大,图 4.1(a)中的 CDM/Newmark 显式算法和图 4.1(f)中的 Gui-λ($\lambda=11.5$)子算法的根轨迹图中都有一分支穿出了单位圆,表明为条件稳定,其临界失稳界限和失稳频率都分别约为 $\rho_m^{\mathrm{cr}}=0.99$,$\omega_m^{\mathrm{cr}}=314.16\mathrm{rad/s}$。而在图 4.1(b)~(d)中,Chang (2002)、KR-α 算法和 Gui-λ($\lambda=2$ 和 4)等四种算法下的根轨迹都始终保持在单位圆内,为无条件稳定。

图 4.2 给出了工况 E-2 时不同积分算法的根轨迹图。由于时滞的存在,所有二阶固有模态都发生了畸变并从单位圆内穿出至单位圆外,导致系统失稳;对于不同算法,临近失稳时的临界失稳界限 ρ_m^{cr} 和失稳频率 ω_m^{cr} 的值

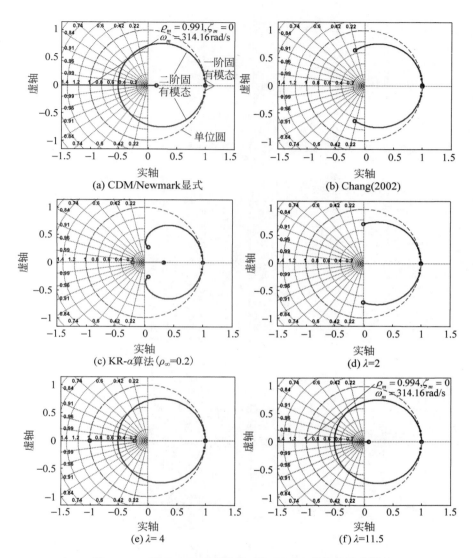

图 4.1 工况 E-1 时不同算法下的 RTHS 系统根轨迹图

都基本相同,表明时滞的存在会使不同稳定特性的算法在 RTHS 系统中表现出基本相同的稳定特性。

为了研究计算时步 Δt 的影响,还分析了工况 E-3 条件下不同算法的时滞稳定性。由于根轨迹形态和图 4.2 基本相同,此处不再列出。表 4.3 列

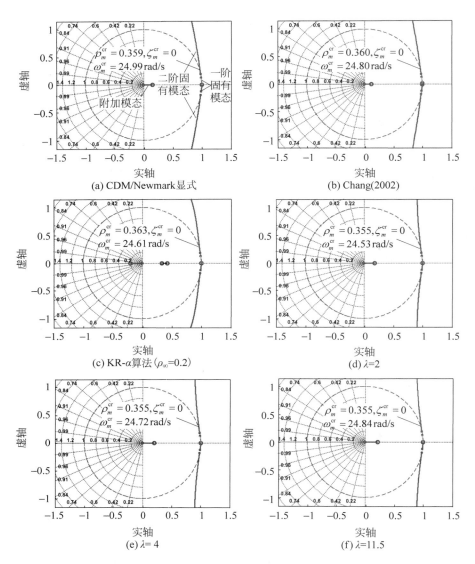

图 4.2　工况 E-2 时不同算法下的 RTHS 系统根轨迹图

出了三个工况下的失稳条件的比较。从表中可以看出,相比于计算时步,时滞对稳定性的影响更大;如果 Δt 取较小值,则不同算法的稳定界限完全一样,稳定特性没有区别。因此,在 RTHS 中,选择无数值阻尼的无条件稳定的算法并不能提高系统的稳定性。

表 4.3　不同算法在工况 E-1 至工况 E-3 下的临界失稳界限比较

工况	失稳指标	CDM/Newmark 显式	Chang (2002)	KR-α 算法	Gui-λ 法		
					λ=2	λ=4	λ=11.5
E-1	ρ_m^{cr}	0.991	1	1	1	1	0.994
	$\omega_m^{cr}/(\text{rad/s})$	0.991	—	—	—	—	314.16
E-2	ρ_m^{cr}	0.359	0.360	0.363	0.355	0.355	0.355
	$\omega_m^{cr}/(\text{rad/s})$	24.99	24.80	24.61	24.53	24.72	24.84
E-3	ρ_m^{cr}	0.364	0.364	0.364	0.364	0.364	0.364
	$\omega_m^{cr}/(\text{rad/s})$	25.03	25.02	25.02	25.02	25.02	25.02

　　下面假定结构参数 $\zeta_N=\zeta_P=\zeta$，$\omega_N=\omega_P=\omega_n=0\sim314\text{rad/s}$，对时滞稳定性进行参数分析。图 4.3 给出了 $\Delta t=0.01\text{s}$，$\zeta=0.05$，$\tau=0\sim0.02\text{s}$ 时的临界失稳界限 ρ_m^{cr}。图 4.3(a) 为无时滞工况，其中 CDM/Newmark 显式算法和 Gui-λ($\lambda=11.5$) 为条件稳定，当 ω_n 分别等于 200rad/s 和 247.66rad/s 时，ρ_m^{cr} 降低至 0，这和表 4.1 中稳定条件计算公式的计算结果相同（CDM/

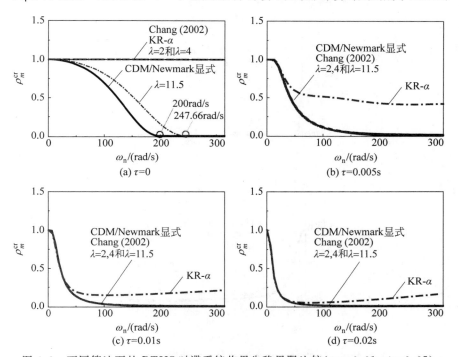

图 4.3　不同算法下的 RTHS 时滞系统临界失稳界限比较（$\Delta t=0.01\text{s}$，$\zeta=0.05$）

Newmark 显 式 算 法：$\omega_n \leqslant 2/\Delta t = 200\text{rad/s}$；Gui-$\lambda$（$\lambda = 11.5$）：$\omega_n \leqslant \sqrt{4\lambda/(\lambda-4)}/\Delta t = 247.66\text{rad/s}$），因此图 4.3（a）准确地反映出了算法本身的稳定特性。而当时滞存在时，如图 4.3（b）～（d）所示，随着时滞量的增大，临界失稳界限 ρ_m^{cr} 越来越小，系统越容易趋于失稳。同时，CDM、Newmark 显式算法、Chang(2002) 和 Gui-λ($\lambda=2,4,11.5$) 等六组算法的 ρ_m^{cr} 值在 $\omega_n=0$～314rad/s 范围内基本一致，而采用 KR-α 算法时的 ρ_m^{cr} 值在低频段（0～50rad/s）与其他算法下的 ρ_m^{cr} 值接近，而在中高频段（50～314rad/s）明显大于其他算法下的 ρ_m^{cr} 值。这表明数值阻尼的引入，能够有效地提高系统的稳定性。

　　下面分析阻尼比 ζ（$\zeta=0.01,0.05$ 和 0.10）对不同算法下的时滞稳定性影响。图 4.4 给出了 $\Delta t=0.01\text{s},\tau=0.02\text{s}$ 时相应临界失稳界限 ρ_m^{cr} 的计算结果，$\zeta=0.05$ 时的结果见图 4.3（d）。从图中可以看出，较大的结构固有阻尼能够提供较大的 ρ_m^{cr}。同时 KR-α 算法的 ρ_m^{cr} 始终高于其他六组算法的相应值，特别是在中高频段，这表明数值阻尼在提高系统稳定性方面的优势，同时也证明了结构固有阻尼并不能有效抑制高频模态的响应。从图 4.4

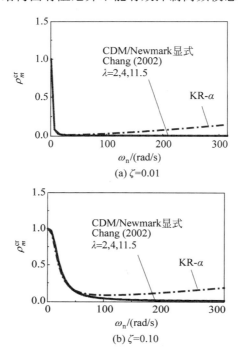

(a) ζ=0.01

(b) ζ=0.10

图 4.4　不同算法下的 RTHS 时滞系统临界失稳界限比较（$\Delta t=0.01\text{s},\tau=0.02\text{s}$）

还可以看出,无数值阻尼的六组算法在 $\zeta=0.10$ 时的 ρ_m^{cr} 比 KR-α 算法在 $\zeta=0.05$ 时的 ρ_m^{cr} 还低,特别是在高频段。

为了验证 KR-α 算法的数值阻尼效果,图 4.5 给出了 KR-α 算法和 Gui-λ($\lambda=4$)子算法在 $\zeta=0.40$ 时的临界失稳界限 ρ_m^{cr} 对比。从图中可以看出,两条曲线在 $\omega_n=244$rad/s 时相交,此时两种算法的 ρ_m^{cr} 相同。结果表明对于高频结构,KR-α 算法可以给系统引入了可观的数值阻尼,这也与文献[46]中的结论一致。

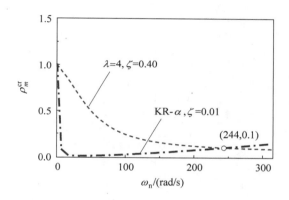

图 4.5　KR-α 算法和 Gui-λ($\lambda=4$)子算法在 $\zeta=0.40$ 时的临界失稳界限比较
($\Delta t=0.01$s,$\tau=0.02$s)

4.3.2　考虑时滞补偿的时滞稳定性分析

首先以 4.3.1 节的结构为例,采用三阶多项式进行时滞补偿。图 4.6 给出了离散根轨迹图。从图中可以看出,所有模态的形态基本相同,系统的两组固有模态都保持在单位圆内,系统失稳是由时滞引起的附加模态引起的。七组算法所获得的临界失稳界限 ρ_m^{cr} 都在 0.90 左右,临界圆频率 ω_m^{cr} 都在 170rad/s 左右(KR-α 算法除外)。相比纯时滞工况的 $\rho_m^{cr}\approx 0.36$,时滞补偿后的 ρ_m^{cr} 有了显著提高。

图 4.7 给出了结构参数为 $\zeta_N=\zeta_P=\zeta=0.05$,$\omega_N=\omega_P=\omega_n=0\sim314$rad/s,时滞 $\tau=0.01\sim0.02$s 时的临界失稳界限 ρ_m^{cr} 结果。当时滞变化时,有数值阻尼的 KR-α 算法的 ρ_m^{cr} 都最高。如图 4.7(a)所示,当 $\tau=0.01$s 时,无数值阻尼的六组算法的 ρ_m^{cr} 仍保持基本相同,但在中频段(50~100rad/s)区别明显,Chang(2002)和 Gui-λ($\lambda=2,4$)等三组无条件稳定算法的 ρ_m^{cr} 大于

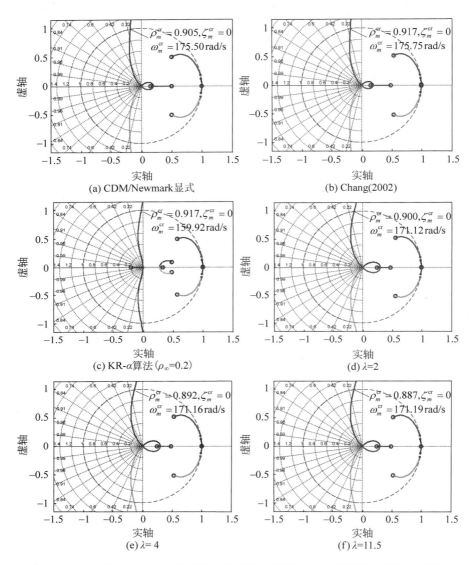

图 4.6　工况 E-2 时考虑三阶多项式补偿的不同算法下的 RTHS 系统根轨迹图

CDM、Newmark 显式算法，Gui-λ($\lambda=11.5$)三组条件稳定算法的 ρ_m^{cr}。当 $\tau=0.02$s 时，无数值阻尼的六组算法的 ρ_m^{cr} 在全频段内都基本相同。通过对比图 4.7(a)和图 4.3(c)，或者图 4.7(b)和图 4.3(d)，可以看出三阶多项式显著地提高了系统的稳定性。

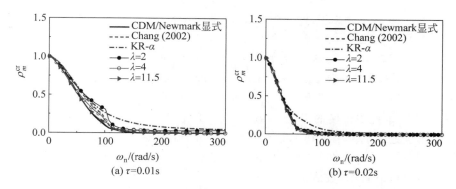

图 4.7 考虑三阶多项式时不同算法下的 RTHS 时滞系统临界失稳界限比较($\Delta t = 0.01$s)

4.4 数值算法的时滞精度分析

4.4.1 基于数值模拟的精度分析

计算精度是数值积分算法的一个重要特性,诸多学者已经对算法本身的精度进行了研究[159,160]。但是关于算法应用于 RTHS 系统的精度的研究却很少,这是由于时滞及补偿算法的影响,RTHS 系统的精度并不能完全地由算法本身的精度来评价。本节基于前述的离散根轨迹分析法来研究时滞 RTHS 系统的精度。

首先采用如图 4.8 所示的 MATLAB/Simulink 数值模型进行精度的数值比较,其中时滞项采用时滞单元模块来进行模拟。仍以两自由度模型为例,结构参数分别为:$m_N = 15.7$kg,$m_P = 1$kg,$\zeta_N = \zeta_P = 0.05$,$\omega_N = \omega_P = 62.8$rad/s。每层结构自振频率取值较大是为了明显地反映出精度差别,而结构质量取值差别较大是为了保证在考虑时滞时系统依然能够保持稳定。整体结构的两阶自振频率分别为 8.82Hz 和 11.34Hz。主要考虑以下五个工况:

工况 F-1:$\Delta t = 0.001$s,$\tau = 0$;

工况 F-2:$\Delta t = 0.01$s,$\tau = 0$;

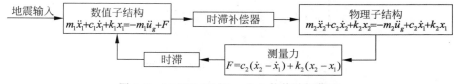

图 4.8 MATLAB/Simulink 数值验证模型

工况 F-3：$\Delta t=0.001\mathrm{s}$，$\tau=0.01\mathrm{s}$；

工况 F-4：$\Delta t=0.01\mathrm{s}$，$\tau=0.01\mathrm{s}$；

工况 F-5：$\Delta t=0.01\mathrm{s}$，$\tau=0.01\mathrm{s}$，三阶多项式时滞补偿。

　　其中，工况 F-1 和工况 F-2 用来比较计算时步对不同算法精度的影响；工况 F-1 和工况 F-3（或者工况 F-2 和工况 F-4）用来比较时滞对不同算法在 RTHS 系统中精度的影响；工况 F-4 和工况 F-5 用以比较三阶多项式补偿对精度的影响。考虑到工况 F-1 中 $\Delta t=0.001\mathrm{s}$，远小于结构的最小自振周期（$1/11.34\mathrm{s}\approx0.09\mathrm{s}$），因此以该计算时步采用 Gui-$\lambda$（$\lambda=11.5$）子算法计算的结果可以看作"数值精确解"。

　　上述五个工况的数值计算结果如图 4.9 所示。图 4.9(a)中，对于工况

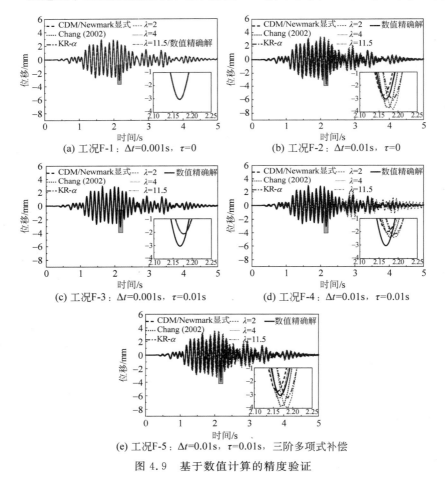

(a) 工况F-1：$\Delta t=0.001\mathrm{s}$，$\tau=0$

(b) 工况F-2：$\Delta t=0.01\mathrm{s}$，$\tau=0$

(c) 工况F-3：$\Delta t=0.001\mathrm{s}$，$\tau=0.01\mathrm{s}$

(d) 工况F-4：$\Delta t=0.01\mathrm{s}$，$\tau=0.01\mathrm{s}$

(e) 工况F-5：$\Delta t=0.01\mathrm{s}$，$\tau=0.01\mathrm{s}$，三阶多项式补偿

图 4.9　基于数值计算的精度验证

F-1,当 $\Delta t = 0.001\text{s}$,$\tau = 0$ 时,所有算法的计算结果完全重合,精度都基本相同。如图 4.9(b)所示的工况 F-2,当 $\tau = 0$,但 Δt 扩大至 0.01s 时,和数值精确解相比,不同算法的计算精度稍有变差;其中 Gui-λ($\lambda = 2$)子算法精度最差,而 Gui-λ($\lambda = 11.5$)子算法精度最高。如图 4.9(c)所示的工况 F-3,当 $\Delta t = 0.001\text{s}$,$\tau = 0.01\text{s}$ 时,所有计算结果的精度都基本相同,但都与数值精确解存在一定误差。如图 4.9(d)所示的工况 F-4,当 $\Delta t = 0.01\text{s}$ 且 $\tau = 0.01\text{s}$ 时,相比工况 F-3,不同算法的精度差别表现明显,表明计算时步对精度的影响很大。在图 4.9(e)所示的工况 F-5 中,当采用三阶多项式进行时滞补偿时,计算精度有所提高,所得计算结果接近工况 F-2 对应的图 4.9(b)的结果。

4.4.2 基于离散根轨迹的精度分析

下面通过根轨迹时滞分析模型来分析上述两自由度结构的时滞精度。图 4.10 给出了工况 F-1~工况 F-5 的一阶固有模态根轨迹图。根轨迹上的每一个点代表着某一质量比时的闭环极点位置。对于 4.4.1 节的两自由度结构,$\mu_m = 1/15.7$,位于离开环极点较近的位置,见图 4.10 的灰色阴影区域及局部放大图。因此,首先通过分析靠近开环极点位置的根轨迹形态差别,来定性比较不同算法在时滞 RTHS 系统的精度变化。

如图 4.10(a)所示工况 F-1,当 $\Delta t = 0.001\text{s}$,$\tau = 0$ 时,所有算法下的根轨迹形态都完全重合,表明所有算法的精度都相同,这与图 4.9(a)结果吻合。图 4.10(b)给出了工况 F-2($\Delta t = 0.01\text{s}$,$\tau = 0$)的根轨迹图,七种算法的根轨迹形态出现了明显的差别,特别是在开环极点附近的区域,显示出不同算法的精度差别。对比图 4.10(b)和图 4.10(a)也可以看出根轨迹形态由于 Δt 变化发生了一定的畸变,整体向单位圆方向靠近,表明 Δt 增大对算法精度和稳定性的降低。如图 4.10(c)所示工况 F-3,当 $\Delta t = 0.001\text{s}$,$\tau = 0.01\text{s}$ 时,所有算法下的根轨迹形态都相同,但相比图 4.10(a)无时滞的情况,所有根轨迹形态发生了较大的畸变,表现出时滞对 RTHS 系统精度的影响,这与图 4.9(c)的结果相同。对于 $\Delta t = 0.01\text{s}$,$\tau = 0.01\text{s}$ 工况的 F-4,如图 4.10(d)所示,所有算法的根轨迹形态相比图 4.10(b)有了一定的畸变,同时不同算法下的根轨迹形态也不相同,规律符合图 4.9(d)的数值结果。考虑时滞补偿的工况 F-5 的根轨迹结果如图 4.10(e)所示,相比图 4.10(d),根轨迹形态得到显著修正,和图 4.10(b)根轨迹形态基本吻合,表明时滞补偿算法通过对时滞效应的补偿,提高了系统的精度。

下面对时滞 RTHS 系统的精度进行定量分析。评价算法精度的指标一般有周期延长率(period elongation,PE),幅值衰减(amplitude decay,

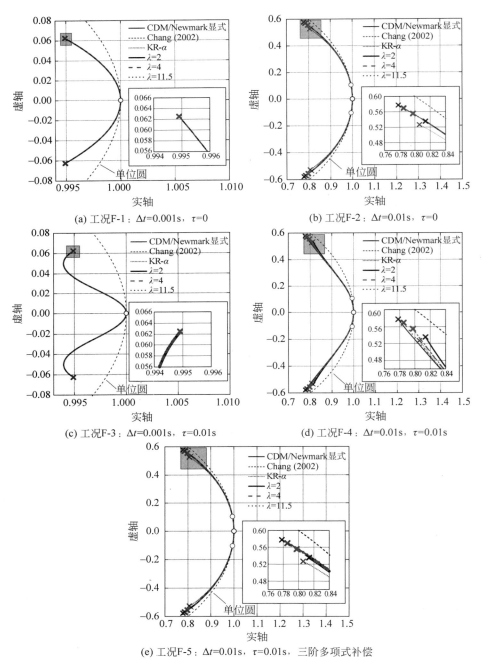

(a) 工况F-1：Δt=0.001s，τ=0

(b) 工况F-2：Δt=0.01s，τ=0

(c) 工况F-3：Δt=0.001s，τ=0.01s

(d) 工况F-4：Δt=0.01s，τ=0.01s

(e) 工况F-5：Δt=0.01s，τ=0.01s，三阶多项式补偿

图 4.10　基于离散根轨迹形态的精度验证

AD)和等效阻尼比 ζ_{eq} 等。从离散根轨迹的角度考虑,PE 和 ζ_{eq} 两个指标可以通过根轨迹图计算得到,公式如下[46]:

$$\begin{cases} \zeta_{eq} = -\dfrac{\ln(\sigma^2 + \varepsilon^2)}{2\arctan(\varepsilon/\sigma)} \\[3mm] PE = \dfrac{\bar{\omega}_0\Delta t}{\arctan(\varepsilon/\sigma)} - 1 \end{cases} \tag{4-7}$$

其中,σ 和 ε 为根轨迹点在根轨迹图上实轴和虚轴上的坐标;$\bar{\omega}_0$ 为结构频率,对于两自由度结构,$\bar{\omega}_0$ 为一阶频率。图 4.11 给出了 $\mu_m = 1/15.7$ 时五个工况下的 PE 和 ζ_{eq} 结果。对于图 4.11(a)的 PE,当 $\Delta t = 0.001$s,工况 F-1 和工况 F-3 的 PE 值都非常小,接近于 0,且 PE 随着时滞的存在而增大;当 $\Delta t = 0.01$s,工况 F-2,工况 F-4 和工况 F-5 的 PE 值都有显著增大,有时滞工况的 PE 比无时滞的 PE 大,但通过时滞补偿时,PE 值恢复到无时滞的情况。同时可以看出,在五个工况下,KR-α 算法的 PE 值都最大,而 Gui-λ($\lambda = 11.5$) 子算法的 PE 值最接近 0。

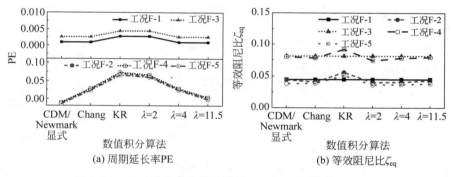

图 4.11　基于根轨迹分析的周期延长率和等效阻尼比结果

图 4.11(b)给出了等效阻尼比 ζ_{eq} 结果,对于计算时步较小($\Delta t = 0.001$s)的工况 F-1 和工况 F-3,不同算法的 ζ_{eq} 基本都相同。对于 $\Delta t = 0.01$s 的三个工况,KR-α 算法由于数值阻尼的作用,其 ζ_{eq} 最高。从时滞的角度看,对于有时滞无补偿的工况 F-3 和工况 F-4,不同算法下的 ζ_{eq} 相比其他三个工况都有了明显的提高,这与图 3.8 中两自由度失稳机制分析的等效阻尼比变化规律一致。当考虑时滞补偿时,工况 F-5 中不同算法下的 ζ_{eq} 恢复到无时滞时的水平。

综上所述,基于离散根轨迹时滞稳定性分析模型的精度分析结论和数值、理论精度分析的结果吻合,表明通过离散根轨迹图不仅可以对时滞 RTHS 系统进行稳定性分析,还能对不同算法下考虑时滞的 RTHS 系统进行精度分析。

4.5 数值算法时滞稳定性和精度的 RTHS 验证

本节将通过 RTHS 试验来验证基于离散根轨迹分析的时滞稳定性和精度结论。实际试验中，采用第 2 章中的基于双目标机 RTHS 系统进行数值子结构分析，数值积分时步 $\Delta t = 1/2048\mathrm{s}$，振动台时滞约为 $\tau = 22/2048\mathrm{s}$；选择了 Gui-λ 算法中的三组子算法（$\lambda = 2,4$ 和 11.5）来进行试验比较，并采用了三阶多项式来进行时滞补偿。

所研究的结构系统为一个两层的层间剪切钢架，如图 4.12 所示。上层结构为物理子结构，下层结构为数值子结构。物理子结构的参数为质量 $m_P = 5.28\mathrm{kg}$，频率 $f_P = 6.2\mathrm{Hz}$，$\zeta_P = 4.2\%$；对于数值子结构，其频率和阻尼比设置和物理子结构相同，即 $f_N = f_P$，$\zeta_N = \zeta_P$，而质量根据时滞稳定性分析得到的临界失稳界限 ρ_m^{cr}，选择合适的值进行试验。

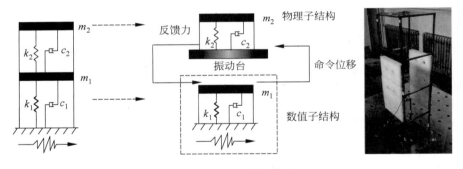

图 4.12　双层钢架模型

本节设计了如表 4.4 所示的三组工况。首先可以得到三组算法考虑三阶多项式时滞补偿后理论分析的临界失稳界限和失稳频率，见表 4.4；结果表明，三组工况不同算法下的理论失稳界限基本相同，临界失稳界限 $\rho_m^{cr} = 0.625$，临界失稳圆频率为 $\omega_m^{cr} = 141.9\mathrm{rad/s}$。

表 4.4　不同算法的时滞稳定性与精度理论分析工况

工况	数值积分算法	时滞补偿算法	ρ_m^{cr}	$\omega_m^{cr}/(\mathrm{rad/s})$
G-1	$\lambda = 2$		0.625	141.90
G-2	$\lambda = 4$	三阶多项式	0.625	141.90
G-3	$\lambda = 11.5$		0.625	141.90

对应表 4.4 的三组工况,设计了六组 RTHS 试验进行验证,如表 4.5 所示。试验组 T-G-1~试验组 T-G-3 为三种不同算法下采用质量比例系数 $\rho_m=0.575$ 进行试验,由于 $\rho_m<\rho_m^{cr}$,因此预测试验结果为稳定;而试验组 T-G-4~试验组 T-G-6 为三种不同算法下采用质量比例系数 $\rho_m=0.667$ 进行试验,由于 $\rho_m>\rho_m^{cr}$,因此预测试验结果为失稳。

表 4.5　不同算法的时滞稳定性与精度分析 RTHS 试验工况

试验编号	数值积分算法	时滞补偿算法	ρ_m
T-G-1	$\lambda=2$		
T-G-2	$\lambda=4$		0.575
T-G-3	$\lambda=11.5$	三阶多项式	
T-G-4	$\lambda=2$		
T-G-5	$\lambda=4$		0.667
T-E-6	$\lambda=11.5$		

激励荷载为峰值 0.15g,频率 2.5Hz 的正弦波。为了比较试验精度,采用 Gui-λ($\lambda=11.5$)子算法进行无时滞的纯数值求解,作为数值精确解进行对比。考虑到加速度先于位移发生失稳,因此只给出加速度的响应结果。

图 4.13 给出了试验组 T-G-1~试验组 T-G-3 的底层加速度动力响应

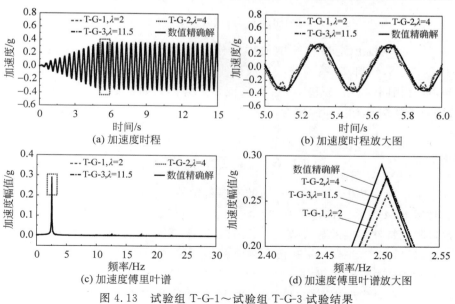

图 4.13　试验组 T-G-1~试验组 T-G-3 试验结果

结果。加载过程中加速度保持稳定，与理论的稳定状态吻合。从时程和傅里叶谱放大图可以看出，三组试验中 T-G-3($\lambda=11.5$)与数值精确解吻合最好，而 T-G-2($\lambda=4$)次之，T-G-1($\lambda=2$)吻合相对较差。试验组 T-G-1～试验组 T-G-3 的 RMS 加速度分别为 0.200g、0.210g 和 0.211g，与数值精确解(RMS 加速度：0.218 g)的相对误差分别为 8.26%、3.67% 和 3.21%。结果表明 $\lambda=11.5$ 子算法的 RTHS 试验精度最好，与理论分析结果一致。

图 4.14 给出了试验组 T-G-4～试验组 T-G-6 的底层加速度动力响应结果。从图 4.14(a)中可以看出，三组试验的加速度在试验初始阶段不断放大，随后迅速发生失稳。从图 4.14(b)可以发现，三组试验的失稳圆频率 ω_m^{cr} 分别为 130.50rad/s(20.77Hz)，130.56rad/s(20.78Hz)和 128.81rad/s(20.50Hz)，都和理论值 $\omega_m^{cr}=141.90$rad/s 吻合。

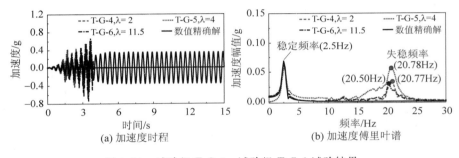

图 4.14　试验组 T-G-4～试验组 T-G-6 试验结果

综上，时滞稳定性和精度的理论分析结果及 RTHS 试验结果表明：Gui-λ($\lambda=2,4,11.5$)系列算法在应用于时滞 RTHS 系统时稳定性基本相同，具有相同的临界失稳界限；当系统稳定性能够得到保证时，Gui-λ($\lambda=11.5$)子算法具有最高的精度。

4.6　本 章 小 结

本章采用基于离散根轨迹法的时滞稳定性分析模型对不同显式算法下的时滞 RTHS 系统进行了时滞稳定性和精度研究。首先对本身稳定性及数值阻尼特性不同的显式算法应用于 RTHS 系统时的稳定性进行了理论分析，然后基于 Simulink 和根轨迹分析进行了精度分析，最后通过 RTHS 试验对理论分析结果进行了验证，得到了以下结论：

（1）不同稳定特性的显式算法应用于时滞 RTHS 系统时会表现出相

近的稳定特性,所得到的临界失稳界限基本相同;数值阻尼有利于提高临界失稳界限。考虑时滞补偿时,几类显式算法的稳定界限在时滞较小时在中频段会稍有差别,但在时滞较大时基本相同。

(2)显式算法应用于时滞 RTHS 系统的精度与算法本身的精度相关。考虑时滞及时滞补偿时,Gui-λ(λ=11.5)子算法的试验结果具有最高的精度。

(3)在 RTHS 中,应当优先选择精度较高或者含有数值阻尼的显式算法。

第5章 调谐液柱阻尼器的减震性能研究

5.1 引 论

为了提高柔性结构在地震或者风振荷载下的工作性能,诸多控制技术被采用来耗散结构能量。近年来,调谐液柱阻尼器,作为一种被动控制装置,受到学者和工程人员的广泛关注[7,8]。TLCD 是调谐液体阻尼器的一种特殊形式,通常为 U 形的矩形或者管状的水箱,水箱中盛满液体,通过调节液体长度使得 TLCD 频率接近结构频率。从几何体型上看,TLCD 分为水平段和竖直段,水平段通常会设置阀门,通过调节阀门开度来控制液体阻尼比。TLCD 一般安装在结构顶部,主要依靠水箱中液体运动,以及由于水头损失带来的阻尼力起到消耗能量的效果。

TLCD 用于结构减震的设想最早由 Sakai[8] 提出;随后,诸多学者开始关注并研究 TLCD 的动力学行为。由于 TLCD 液体阻尼的非线性特性,大部分的研究重点在于通过理论及数值方法来对非线性阻尼进行等效线性化,从而得到易于求解的结构-TLCD 系统动力方程[130,131]。关于 TLCD 的优化参数,学者们也进行了大量研究[7,129],得到了 TLCD 的适用质量比、结构阻尼比等一般性结论,为 TLCD 的工程应用提供了指导。此外,学者们还对由不同频率的 TLCD 单元组成的 MTLCD 系统的动力特性进行了研究[130,139]。在试验方面,受到 TLCD 液体非线性及振动台尺寸和加载能力的限制,研究成果主要集中在几何尺寸较小的 STLCD 原型控制的单自由度结构或者单摆的振动试验。

对于自振频率较低的结构,TLCD 水平段长度会相对较长,此时常规振动台试验将无法进行;同时对于已有的等效线性化的数值方法,其精度和可靠性也需要经过检验,因此开展足尺 TLCD 用于 MDOF 结构的试验研究很有必要。RTHS 技术可以将被控结构作为数值子结构进行数值计算,而将 TLCD 模型进行物理试验,通过合适的比尺设计,能够得到足尺 TLCD

的试验结果。同时利用数值子结构可以随意调整结构参数的优点,方便进行参数影响性分析。另外,将被控结构-地基作为数值子结构进行模拟,可以考虑 SSI 效应对 TLCD 工作性能的影响。

本章首先从理论推导方面阐述了 TLCD 的减震机理;然后通过对一个安装了 TLCD 的单自由度结构进行纯数值计算、常规振动台试验和 RTHS,验证了 RTHS 用于 TLCD 研究的精度;进而对质量比、结构阻尼比、结构刚度,峰值地面加速度等参数进行了敏感性分析;最后初步研究了 MTLCD 在 SDOF 结构振动中的控制性能。

5.2   TLCD 减震机理

5.2.1   单自由度结构-TLCD 系统动力方程

以一个安装了 TLCD 的 SDOF 结构为研究对象,如图 5.1 所示。TLCD 的尺寸如图所示,假定单自由度结构的质量、刚度和阻尼分别为 m_s、k_s 和 c_s;TLCD 的垂直段和水平段面积分别为 A_V 和 A_H,垂直段和水平段液体长度分别为 V 和 H,液体密度为 ρ_w。系统在 t 时刻受到水平地面扰动 $\ddot{x}_g(t)$ 时,结构和液体的位移分别为 $x(t)$ 和 $y(t)$,$y(t)$ 必须满足 $|y(t)| < V$。

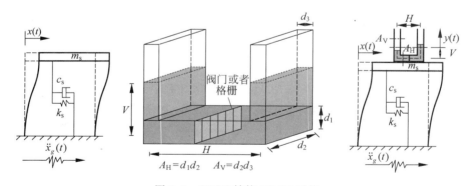

图 5.1   SDOF 结构-TLCD 系统

根据能量守恒原理,系统能量增量等于外力所做的功。假设液体在平衡状态 $y(0)=0$ 时,系统总能量为 0;则在某时刻 t,系统的动能包括:

$$T_s = \frac{1}{2} m_s (\dot{x} + \dot{x}_g)^2 \tag{5-1}$$

$$T_f = \underbrace{\frac{1}{2}\rho_w A_V (V-y)\left[\dot{y}^2 + (\dot{x}+\dot{x}_g)^2\right] + \frac{1}{2}\rho_w A_V (V+y)\left[\dot{y}^2 + (\dot{x}+\dot{x}_g)^2\right]}_{\text{垂直段}} +$$

$$\underbrace{\frac{1}{2}\rho_w A_H H \left(\frac{A_V}{A_H}\dot{y} + \dot{x} + \dot{x}_g\right)^2}_{\text{水平段}} \tag{5-2}$$

系统的势能为

$$P_s = \frac{1}{2}k_s x^2 \tag{5-3}$$

$$P_f = \rho_w A_V g y^2 \tag{5-4}$$

其中,重力势能以 TLCD 静止时垂直部分液面所在平面为零势面。在 x 和 y 方向上的非保守力主要为阻尼力,包括结构的阻尼力 Q_x 及液体晃动产生的阻尼力 Q_y:

$$Q_x = -c_s \dot{x} \tag{5-5}$$

$$Q_y = -\frac{1}{2}\rho_w \frac{A_V^2}{A_H}\delta|\dot{y}|\dot{y} \tag{5-6}$$

从动力学角度来看,任一运动系统都可以采用拉格朗日方程来进行描述[161],即

$$\frac{\mathrm{d}}{\mathrm{d}t}\left(\frac{\partial T}{\partial \dot{q}_i}\right) - \frac{\partial T}{\partial q_i} + \frac{\partial P}{\partial q_i} = Q_i \quad (i=1,2,\cdots,n) \tag{5-7}$$

其中,T 和 P 是系统的总动能和总势能,q 为广义坐标,i 为自由度编号;Q 是在 q 方向上的非保守力。那么结构-TLCD 系统在 x 和 y 两个方向的拉格朗日方程分别为

$$\begin{cases} \dfrac{\mathrm{d}}{\mathrm{d}t}\left(\dfrac{\partial T}{\partial \dot{x}}\right) - \dfrac{\partial T}{\partial x} + \dfrac{\partial P}{\partial x} = Q_x \\[2mm] \dfrac{\mathrm{d}}{\mathrm{d}t}\left(\dfrac{\partial T}{\partial \dot{y}}\right) - \dfrac{\partial T}{\partial y} + \dfrac{\partial P}{\partial y} = Q_y \end{cases} \tag{5-8}$$

将公式(5-1)至公式(5-6)代入到公式(5-8),可以得到结构及 TLCD 的运动方程分别为

$$m_s \ddot{x} + \rho_w (2A_V V + A_H H)\ddot{x} + c_s \dot{x} + k_s x + \rho_w A_V H \ddot{y}$$
$$= -\left[m_s + \rho_w(2A_V V + A_H H)\right]\ddot{x}_g \tag{5-9}$$

$$\rho_w A_V\left(2V + \frac{A_V}{A_H}H\right)\ddot{y} + 2\rho_w A_V g y + \rho_w A_V H \ddot{x} + \frac{1}{2}\rho_w \frac{A_V^2 \delta |\dot{y}|\dot{y}}{A_H}$$
$$= -\rho_w A_V H \ddot{x}_g \tag{5-10}$$

令

$$\begin{cases} m_{\rm f} = \rho_{\rm w}(2A_{\rm V}V + A_{\rm H}H) \\ m_1 = \rho_{\rm w}A_{\rm V}H \\ m_2 = \rho_{\rm w}A_{\rm V}L_1 \\ L_1 = 2V + \eta H \\ L_2 = 2V + H \\ \eta = A_{\rm V}/A_{\rm H} \end{cases} \tag{5-11}$$

其中，$m_{\rm f}$ 为 TLCD 液体质量；L_1 为 TLCD 的液体等效长度，L_2 为 TLCD 的液体总长度；η 为 TLCD 垂直部分截面面积 $A_{\rm V}$ 和水平部分截面面积 $A_{\rm H}$ 之比；则结构-TLCD 系统的动力学方程，即公式(5-9)和公式(5-10)，可以表示为

$$\begin{bmatrix} m_{\rm s}+m_{\rm f} & m_1 \\ m_1 & m_2 \end{bmatrix}\begin{Bmatrix} \ddot{x} \\ \ddot{y} \end{Bmatrix} + \begin{bmatrix} c_{\rm s} & 0 \\ 0 & c_{\rm f} \end{bmatrix}\begin{Bmatrix} \dot{x} \\ \dot{y} \end{Bmatrix} + \begin{bmatrix} k_{\rm s} & 0 \\ 0 & k_{\rm f} \end{bmatrix}\begin{Bmatrix} x \\ y \end{Bmatrix} = -\begin{Bmatrix} m_{\rm s}+m_{\rm f} \\ m_1 \end{Bmatrix}\ddot{x}_g \tag{5-12}$$

其中，$c_{\rm f}=(1/2)\rho_{\rm w}(A_{\rm V}^2/A_{\rm H})\delta|\dot{y}|$ 为 TLCD 阻尼项，可以看出由于液体速度项 $|\dot{y}|$ 的存在，液体阻尼为非线性；δ 为水头损失系数，其值取决于 TLCD 垂直部分和水平部分的面积比，阀门开度，截面突变，水箱内壁摩擦效应等因素；$k_{\rm f}=2\rho_{\rm w}A_{\rm V}g$ 为 TLCD 刚度。从公式(5-10)中可以看出，TLCD 液体的自振频率为

$$f_{\rm f} = \frac{1}{2\pi}\sqrt{\frac{2g}{L_1}} \tag{5-13}$$

相应圆频率为 $\omega_{\rm f}=2\pi f_{\rm f}$。

在进行 TLCD 的数值模拟或者模型设计时，常常采用阻尼等效线性化的方法来获得最优的计算或者设计参数。最为常用的是 Den Hartog[162] 提出的基于调谐质量阻尼器(tuned mass damper，TMD)优化理论，即 TLCD 的优化参数可以通过将 TLCD 类比为 TMD 而获得，从而有

$$\begin{cases} f_{\rm TLCD,opt} = \dfrac{f_{\rm s}}{1+\mu^*} \\ \zeta_{\rm TLCD,opt} = \sqrt{\dfrac{3\mu^*}{8(1+\mu^*)^3}} \\ \mu^* = \dfrac{\mu\gamma_1}{1+\mu(1-\gamma_1)} \end{cases} \tag{5-14}$$

其中，$\mu=m_{\rm f}/m_{\rm s}$ 为质量比，$\gamma_1=H/L_1$。则 TLCD 的阻尼和刚度可以如下计算：

$$\begin{cases} c_{\rm f} = 2m_{\rm f}\zeta_{\rm TLCD,opt}(2\pi f_{\rm TLCD,opt}) \\ k_{\rm f} = m_{\rm f}(2\pi f_{\rm TLCD,opt})^2 \end{cases} \tag{5-15}$$

上述方程都是基于 STLCD 控制而推导的,TLCD 还有另外一种控制方式为 MTLCD 的单阶振型控制。为了便于研究,一般假设 MTLCD 中的 TLCD 单元个数 n 为奇数,且单元之间的频率均匀分布在被控结构基频两侧,形成一个调谐的频带带宽。由于各个 TLCD 单元之间的频率均匀变化,MTLCD 的调谐频率取决于中心频率 f_0:

$$f_0 = \frac{f_{f_1} + f_{f_n}}{2} \tag{5-16}$$

及频率间隔 Δf:

$$\Delta f = f_{f(i+1)} - f_{f_i} \tag{5-17}$$

5.2.2　参数影响分析

下面从理论上对 TLCD 的关键参数进行参数影响分析,来获得 TLCD 减震性能的初步认识。由于 TLCD 阻尼为非线性,因此在参数优化及理论计算时,通常采用等效线性化来获得 TLCD 的等效阻尼。等效阻尼的确定一般基于能量耗散相等的原则,即等效阻尼力在一个周期循环内做的功等于实际阻尼力在一个周期内做的功[1]。假设 TLCD 中液体稳态简谐响应具有如下形式:

$$y = Y_0 \sin(\omega t + \varphi_0) \tag{5-18}$$

其中,Y_0 和 φ_0 分别为幅值和相位。假定采用等效阻尼后,$c_f = 2m_2\zeta_f\omega_f$,则根据上式可以求得 TLCD 等效阻尼比为

$$\zeta_f = \frac{\sqrt{2}\delta\eta}{3\pi\sqrt{gL_1}}\omega Y_0 \tag{5-19}$$

以 SDOF 结构-STLCD 系统为例,在公式(5-12)中令 $\varphi = \omega_f/\omega_s$ 为频率调谐比,$p = H/L_2$ 为 TLCD 水平长度与总长度的比值,则系统动力方程可以改写为

$$\begin{bmatrix} 1+\mu & \dfrac{\eta p\mu}{p+\eta(1-p)} \\ \dfrac{p}{1-p+\eta p} & 1 \end{bmatrix} \begin{Bmatrix} \ddot{x} \\ \ddot{y} \end{Bmatrix} + \begin{bmatrix} 2\omega_s\zeta_s & 0 \\ 0 & 2\omega_f\zeta_f \end{bmatrix} \begin{Bmatrix} \dot{x} \\ \dot{y} \end{Bmatrix} + \begin{bmatrix} \omega_s^2 & 0 \\ 0 & \omega_f^2 \end{bmatrix} \begin{Bmatrix} x \\ y \end{Bmatrix}$$

$$= -\begin{Bmatrix} 1+\mu \\ \dfrac{p}{1-p+\eta p} \end{Bmatrix} \ddot{x}_g \tag{5-20}$$

假定系统的稳态响应为简谐波,频率为 ω,令 $\beta = \omega/\omega_s$,则可以推导出结构和 TLCD 位移动力放大系数(dynamic magnitude factor,DMF)分别为

$$\text{DMF}_\text{s} = \sqrt{\frac{(\varphi^2 - \beta^2)^2 + 4\varphi\beta\zeta_\text{f}}{A_1^2 + A_2^2}} \tag{5-21}$$

$$\text{DMF}_\text{TLCD} = \frac{p\beta^2}{(1 - p + \eta p)\sqrt{A_1^2 + A_2^2}} \tag{5-22}$$

其中

$$A_1 = -4\beta^2\varphi\zeta_\text{s}\zeta_\text{f} + (\varphi^2 - \beta^2)[1 - (1 + \mu)\beta^2] - \frac{\eta p^2 \mu\beta^4}{(1 - p + \eta p)(p + \eta - \eta p)} \tag{5-23}$$

$$A_2 = 2\beta\zeta_\text{s}(\varphi^2 - \beta^2) + 2\varphi\beta\zeta_\text{f}[1 - (1 + \mu)\beta^2] \tag{5-24}$$

而在无 TLCD 控制时,结构的 DMF 为

$$\text{DMF}_\text{s0} = \frac{1}{\sqrt{(1 - \beta^2)^2 + 4\beta^2\zeta_\text{s}^2}} \tag{5-25}$$

图 5.2 给出了结构和 TLCD 液体的 DMF 随频率比 β 和液体阻尼比 ζ_f

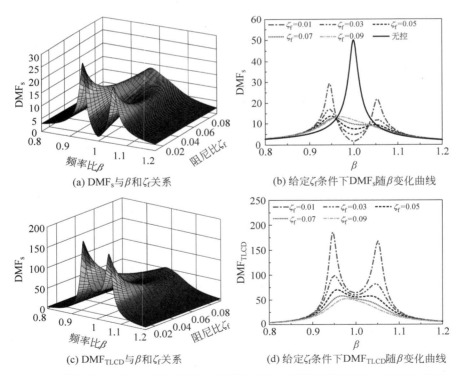

(a) DMF$_\text{s}$ 与 β 和 ζ_f 关系

(b) 给定 ζ_f 条件下 DMF$_\text{s}$ 随 β 变化曲线

(c) DMF$_\text{TLCD}$ 与 β 和 ζ_f 关系

(d) 给定 ζ_f 条件下 DMF$_\text{TLCD}$ 随 β 变化曲线

图 5.2   结构及 TLCD 液体的 DMF 在不同频率比 β 下随液体阻尼比 ζ_f 的变化曲线

($\eta = 1, p = 0.75, \varphi = 1, \mu = 2\%, \zeta_\text{s} = 1\%$)(前附彩图)

的变化图,其他参数取值为:$\eta=1$,$p=0.75$,$\varphi=1$,$\mu=2\%$,$\zeta_s=1\%$。从图 5.2(a)～(b)可以看出,结构位移放大系数 DMF_s 随着 ζ_f 增大由两个共振峰退化为一个,对应的峰值在逐渐减小。该结果表明当激励频率偏离 TLCD 频率时,TLCD 液体阻尼比较小时减震效率也较低,所以当阀门开度较大(ζ_f 小)时,TLCD 的频带敏感性较强,不适用于激励频率不稳定的情况。图 5.2(c)～(d)给出了相同条件下 TLCD 液体的 DMF_{TLCD} 结果,DMF_{TLCD} 值明显比相应的 DMF_s 值大得多。同时,随着 ζ_f 增大,DMF_{TLCD} 迅速减小。

图 5.3 为 DMF_s 随频率比 β 和频率调谐比 φ 的变化趋势图,其他参数取值:$\eta=1$,$p=0.75$,$\mu=2\%$,$\zeta_s=1\%$,$\zeta_f=5\%$。由图可知,当频率调谐比 $\varphi=1$ 时,TLCD 具有最好的调谐效果,DMF_s 最小;而当 TLCD 频率偏离结构频率($\varphi=0.9$ 和 1.1)时,DMF_s 增大,且从两个共振峰退化为一个。该现象表明,在 TLCD 设计中,应当严格控制 TLCD 自振频率与结构频率的偏差,以确保 TLCD 起到控制效果。

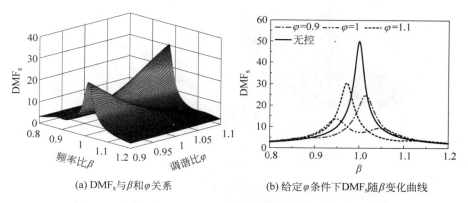

(a) DMF_s 与 β 和 φ 关系　　　　(b) 给定 φ 条件下 DMF_s 随 β 变化曲线

图 5.3　DMF_s 在不同频率比 β 下随频率调谐比 φ 的变化曲线

($\eta=1$,$p=0.75$,$\mu=2\%$,$\zeta_s=1\%$,$\zeta_f=5\%$)(前附彩图)

图 5.4 为 DMF_s 随频率比 β 和长度比 p 的变化趋势图,其他参数取值:$\eta=1$,$\varphi=1$,$\mu=2\%$,$\zeta_s=1\%$,$\zeta_f=5\%$。从图中可以看出,长度比 p 越大,DMF_s 值越小,表明效果越好,因此在设计 TLCD 体型参数时,在保证垂直段液体位移不超出液柱高度情况下,应尽量增大水平段长度。

图 5.5 为 DMF_s 随质量比 μ 的变化趋势图,其他参数取值:$\eta=1$,$p=0.75$,$\zeta_s=1\%$,$\zeta_f=5\%$。图 5.5(a)为频率比 $\beta=1$ 的结果,可以看出,不管调谐比 φ 取何值,DMF_s 都随着质量比 μ 的增大而减小,表明质量比越大,减震效果越好。图 5.5(b)为调谐比 $\varphi=1$ 的结果,可以看出,不管频率比 β

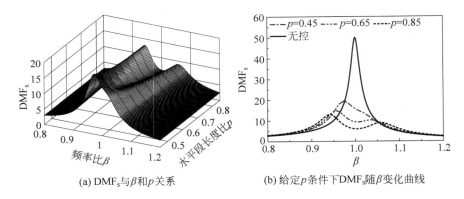

(a) DMF$_s$与β和p关系　　(b) 给定p条件下DMF$_s$随β变化曲线

图 5.4　DMF$_s$在不同频率比β下随水平段长度比p的变化曲线
（$\eta=1,\varphi=1,\mu=2\%,\zeta_s=1\%,\zeta_f=5\%$）（前附彩图）

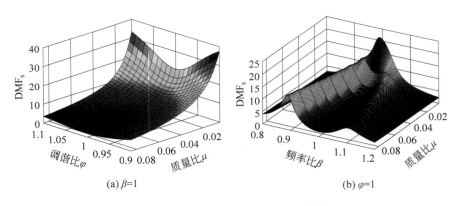

(a) $\beta=1$　　(b) $\varphi=1$

图 5.5　DMF$_s$随质量比μ的变化曲线
（$\eta=1,p=0.75,\zeta_s=1\%,\zeta_f=5\%$）（前附彩图）

取何值，DMF$_s$也随着质量比μ的增大而减小，表明质量比越大，减震效果越好。从图 5.5(a)～(b)中都可以看出，当$\mu>5\%$时，DMF$_s$的减小趋势变缓。

图 5.6 为 DMF$_s$随结构阻尼比ζ_s的变化趋势图，其他参数取值：$\eta=1$，$p=0.75,\varphi=1,\mu=2\%,\zeta_f=5\%$。从图中可以看出，结构阻尼比$\zeta_s<5\%$时对 DMF$_s$影响最大，而当$\zeta_s$较大时，DMF$_s$减小速度明显变缓，结构阻尼比对减震效果的作用减弱。因此，TLCD 更适用于结构阻尼比较小的情况。

图 5.7 为结构和 TLCD 液体的动力放大系数随面积比η的变化曲线图，其他参数取值：$p=0.75,\varphi=1,\mu=2\%,\zeta_s=1\%,\zeta_f=5\%$。从图中可以看出，当$\eta$增大时，DMF$_s$也随之增大，但 DMF$_{TLCD}$的变化趋势恰好相反。特

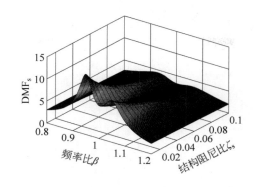

图 5.6　DMF_s 随结构阻尼比 ζ_s 的变化曲线

（$\eta=1, p=0.75, \varphi=1, \mu=2\%, \zeta_f=5\%$）（前附彩图）

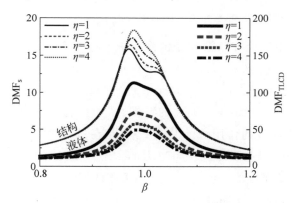

图 5.7　结构及 TLCD 液体的 DMF 在不同频率比 β 下随面积比 η 的变化曲线

（$p=0.75, \varphi=1, \mu=2\%, \zeta_s=1\%, \zeta_f=5\%$）

别是当 η 由 1 增大到 2 时，DMF_s 的峰值略有增大，但 DMF_{TLCD} 减小了将近一半。当 DMF_{TLCD} 减小时，TLCD 垂直部分的液柱高度及模型高度也可以随之减小，从而节省更多空间，有利于 TLCD 在高度方向的布置。因此从这个角度来看，面积比 η 取值在 1～2 时可以保证在减震效果较好的同时，TLCD 液体响应也较小。

5.3　TLCD 减震控制的 RTHS 验证

5.3.1　试验思路

在 RTHS 中，将被控结构作为数值子结构进行计算，而将 TLCD 当作物理子结构进行振动台试验,如图 5.8 所示。

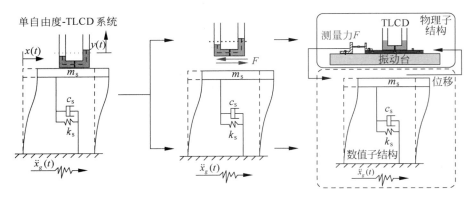

图 5.8　单自由度-TLCD 系统的 RTHS 试验框架

则 RTHS 中结构-TLCD 系统的动力学方程(5-12)改写为

$$m_s \ddot{x} + c_s \dot{x} + k_s x = -m_s \ddot{x}_g + F_{TLCD} \tag{5-26}$$

$$F_{TLCD} = -\left[m_f (\ddot{x} + \ddot{x}_g) + m_1 \ddot{y} \right] \tag{5-27}$$

F_{TLCD} 为 TLCD 与结构交界面的反馈力,如果将 TLCD 空水箱的惯性力去除,则为 TLCD 的作用力。由于 F_{TLCD} 是在试验中实时测量并反馈给数值子结构,因此避免了非线性阻尼力的求解。由此可知,F_{TLCD} 的测量是保证 RTHS 试验精度的关键之一。本书采用桂耀[124]提出的反馈力测量系统来实时测量 TLCD 反馈力,如图 5.9 所示。在振动台上安装水平滑轨,将 TLCD 模型底部固定在滑轨的滑块上,一端与固定在振动台上的轴力传感器连接。当振动台运动时,轴力传感器测量的力包括了 F_{TLCD},滑轨摩擦力及水箱惯性力。相关试验表明滑轨摩擦力极小,可以忽略;而水箱惯性力通过计算水箱质量和振动台台面加速度之乘积得到。

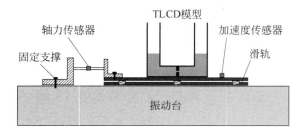

图 5.9　TLCD 反馈力测量

首先验证该测量系统的精度。将重量为 4.05kg 的空水箱置于滑轨上，给振动台施加频率为 0～5Hz，RMS 加速度为 0.1g 的白噪声。分别采用轴力传感器和加速度传感器测量力和加速度；轴力传感器的值视为水箱的实测惯性力，而水箱质量乘以实测加速度作为水箱的理论惯性力，二者的时程对比如图 5.10 所示。结果表明惯性力的实测值和理论值吻合非常好，其峰值和 RMS 值的相对误差分别仅为 8.30% 和 5.23%，误差可能来自于滑轨摩擦力及传感器本身误差，在可接受范围内。该试验表明该测量系统具有较高的精度，能够用于 RTHS 试验中 TLCD 反馈力测量。

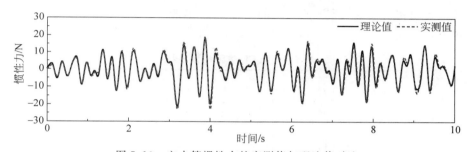

图 5.10　空水箱惯性力的实测值与理论值对比

5.3.2　试验模型

本节以一个由 TLCD 控制的单层钢架结构为研究对象，如图 5.11(a) 所示。单层钢架高 0.65m，沿激振方向长 0.3m，垂直于激振方向长 0.6m。钢架顶部集中质量块重 198.16kg，该重量包括了 TLCD 水箱空箱质量。通过扫频试验得到钢架自振频率为 1.526Hz，阻尼比为 0.5%。

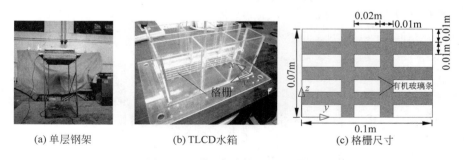

(a) 单层钢架　　　　　　(b) TLCD水箱　　　　　　(c) 格栅尺寸

图 5.11　单层钢架与 TLCD 模型

基于 Den Hartog[162] 优化理论及 5.2.2 节的理论参数影响分析结果，设计如图 5.11(b) 所示的 TLCD 模型。TLCD 水箱采用厚度为 8mm 的有机玻璃板制作而成,由三个几何尺寸完全一样的 TLCD 单元组成,水箱水平段中部设置了格栅;格栅具体尺寸如图 5.11(c)所示。本章重点进行 STLCD 的试验研究,在 5.5 节也开展了 MTLCD 的初步试验。表 5.1 列出了 STLCD(TLCD-A1)和 MTLCD(TLCD-A2)的几何参数及频率调谐结果。TLCD-A1 中三个 TLCD 单元水深 V 相同,液体频率为 1.527Hz,与结构基频基本一致,质量比为 2.37%;TLCD-A2 中三个 TLCD 单元的液体频率间隔 $\Delta f = 0.15$Hz,中间频率 $f_0 = 1.527$Hz,质量比保持为 2.37%,以便和 TLCD-A1 比较。虽然 TLCD 模型通过了优化设计,但是由于被控钢架的频率相对较高,所以 TLCD 的整体尺寸非常小,水平段和竖直段尺寸相当。从这一点可以看出,TLCD 更适用于低频结构的减震控制。

表 5.1　TLCD 模型设计参数

TLCD 编号	H/m	V/m	d_1/m	d_2/m	d_3/m	A_H/m²	A_V/m²	f_f/Hz	μ/%
TLCD-A1	0.111	0.051	0.0734	0.10	0.0734	0.00734	0.00734	1.527	2.37
TLCD-A2	0.111	0.076	0.0734	0.10	0.0734	0.00734	0.00734	1.377	2.37
		0.051						1.527	
		0.033						1.677	

5.3.3　结构-TLCD 系统的稳定性分析

下面采用第 3 章提出的离散根轨迹时滞稳定性分析模型,分析 SDOF 结构-STLCD 系统在 RTHS 试验中的时滞稳定性。考虑时滞误差后,动力方程(5-12)可以修改为如下形式:

$$\begin{bmatrix} m_s & m_1 \\ 0 & m_2 \end{bmatrix}\begin{Bmatrix} \ddot{x} \\ \ddot{y} \end{Bmatrix} + \begin{bmatrix} m_f & 0 \\ m_1 & 0 \end{bmatrix}\begin{Bmatrix} \ddot{x}' \\ \ddot{y}' \end{Bmatrix} + \begin{bmatrix} c_s & 0 \\ 0 & c_f \end{bmatrix}\begin{Bmatrix} \dot{x} \\ \dot{y} \end{Bmatrix} + \begin{bmatrix} k_s & 0 \\ 0 & k_f \end{bmatrix}\begin{Bmatrix} x \\ y \end{Bmatrix}$$
$$= -\begin{Bmatrix} m_s + m_f \\ m_1 \end{Bmatrix}\ddot{x}_g \tag{5-28}$$

由于 TLCD 阻尼的非线性,采用等效线性化的阻尼比 ζ_f 作为 TLCD 的阻尼参数来进行分析。为了反映阻尼比变化对稳定性的影响,考虑 ζ_f 分别为 1%、5% 和 10% 三种情况。取 $\rho_m = \mu/(1+\mu)$ 作为失稳评价指标。

图 5.12 给出了 SDOF 结构-STLCD 在时滞 τ 分别为 0 和 0.01s 时的根轨迹图。当 $\tau = 0$ 时,在不同阻尼比 ζ_f 下,所有根轨迹都始终保持在单位圆内,表明此时系统是绝对稳定的;而当 $\tau = 0.01$s 时,虽然系统的固有二阶

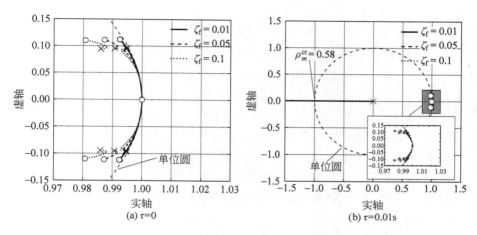

图 5.12　SDOF 结构-STLCD 系统的时滞根轨迹图

模态对应的根轨迹都位于单位圆内,但由时滞引起的附加模态在 $\rho_m = 0.58$ 时穿出了单位圆,表明系统是条件稳定的,临界失稳界限约为 $\rho_m^{cr} = 0.58$。

　　根据上述根轨迹分析结果,图 5.13 给出了 ρ_m 分别取 0.575 和 0.584 的数值模拟结果,输入荷载为峰值 0.01g,频率为 1.526Hz 的正弦波。当 $\tau = 0$ 时,两个 ρ_m 值情况下时程都是稳定的;而当 $\tau = 0.01$s 时,$\rho_m = 0.575$ 情况下的时程是稳定的,而 $\rho_m = 0.584$ 情况下的时程出现了失稳。因此上述根轨迹分析结果是可靠的。

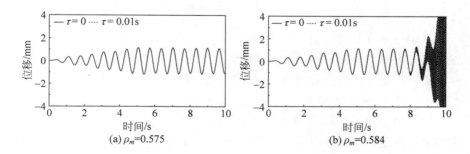

图 5.13　SDOF 结构-STLCD 系统时滞稳定性的数值验证

　　虽然 SDOF 结构-STLCD 系统在纯时滞条件下存在失稳界限,但是考虑到工程实际中 TLCD 的质量比一般为 1%～5%,即 ρ_m 的范围为 0.97%～4.7%,远远小于失稳界限 $\rho_m^{cr} = 0.58$,因此可以认为采用 RTHS 进行 SDOF 结构-STLCD 试验时系统能够保证稳定的,不会出现失稳。

5.3.4   基于 RTHS 的 TLCD 减震试验

为了验证 RTHS 系统的精度,首先进行 SDOF 结构-STLCD 系统的 RTHS 试验,并和常规振动台试验、基于优化参数的纯数值计算对比。如图 5.14(a)所示,RTHS 仅把 TLCD 置于振动台上试验;如图 5.14(b)所示,常规振动台试验是将 TLCD-A1 模型直接安装在钢架顶部;而纯数值计算是将公式(5-14)中的优化参数代入到公式(5-12)中,采用数值积分算法进行求解。为了便于比较,RTHS 的数值子结构及纯数值计算都统一采用 Gui-λ($\lambda=4$)子算法求解。由于本节试验设计的钢架和 TLCD-A1 模型都为原型,不涉及比尺问题,因此常规振动台试验的结果可以作为结构的真实动力响应结果。

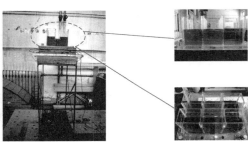

(a) RTHS   (b) 常规振动台试验

图 5.14   TLCD-A1 试验方案

采用三条常见的地震动作为输入荷载,即 Kobe,El Centro 和 Taft,其加速度时程和傅里叶谱如图 5.15 所示。考虑到 TLCD 设计理论中液体位移不能超过竖直段水深的要求,试验中三条地震记录的峰值加速度都取为 0.05g。

为了便于评价 TLCD 减震效果,定义了四个评价指标来衡量结构位移和加速度峰值、RMS 值的减小比例。评价峰值响应减小比例的指标计算公式为

$$\begin{cases} P_d = 1 - \dfrac{|\max(x_{\text{withcontrol}})|}{|\max(x_{\text{withoutcontrol}})|} \\ P_a = 1 - \dfrac{|\max(\ddot{x}_{\text{withcontrol}})|}{|\max(\ddot{x}_{\text{withoutcontrol}})|} \end{cases} \tag{5-29}$$

其中,下标 withcontrol/withoutcontrol 分别表示有/无 TLCD 控制。评价

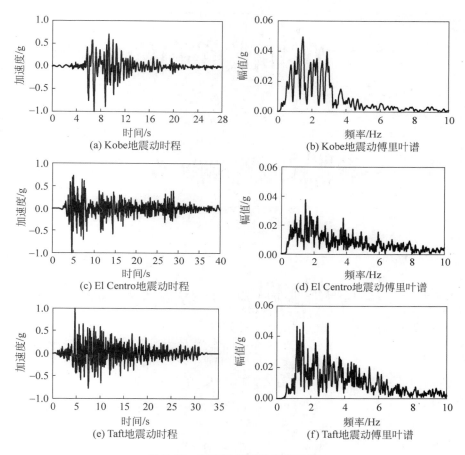

图 5.15 地震动时程及傅里叶谱

RMS 响应减小比例的指标计算公式为

$$\begin{cases} R_d = 1 - \dfrac{\text{RMS}(x_{\text{withcontrol}})}{\text{RMS}(x_{\text{withoutcontrol}})} \\[4mm] R_a = 1 - \dfrac{\text{RMS}(\ddot{x}_{\text{withcontrol}})}{\text{RMS}(\ddot{x}_{\text{withoutcontrol}})} \end{cases} \tag{5-30}$$

图 5.16 和图 5.17 分别给出了钢架顶部加速度响应时程及傅里叶谱结果。从两组图中可以看出，RTHS 结果比纯数值解更加接近常规振动台试验的相应结果。对于纯数值解，误差主要来自于采用等效线性化的优化液体阻尼比代替非线性阻尼比；而 RTHS 试验误差来源于轴力传感器测量精度及振动台加载精度。表 5.2 列出了峰值和 RMS 加速度相对误差的比

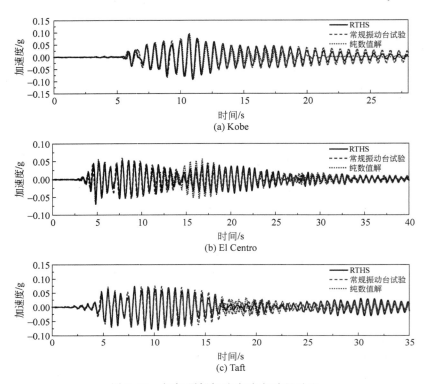

图 5.16　钢架顶部加速度响应时程对比

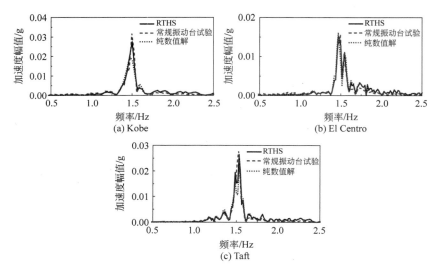

图 5.17　钢架顶部加速度响应傅里叶谱对比

较。三组地震动作用下,RTHS 结果的相对误差都小于相应纯数值解的相对误差,并且 RTHS 误差的最大值为 10.17%,而纯数值解的误差最大值达到 18.47%,证明了 RTHS 的精度更高。

表 5.2　RTHS 试验与纯数值解加速度响应误差对比　　　　　　　　%

方法	Kobe		El Centro		Taft	
	峰值	RMS	峰值	RMS	峰值	RMS
RTHS	4.44	6.89	10.17	5.56	13.89	3.85
纯数值解	5.11	17.24	18.47	5.56	15.00	11.53

下面从能量角度[163]来分析 RTHS 试验过程中各项能量是否守恒。对动力学方程(5-26)左右各项进行位移积分,可以得到系统各个力分量所做的功:

$$\underbrace{\int m_s \ddot{x} \mathrm{d}x}_{E_m} + \underbrace{\int c_s \dot{x} \mathrm{d}x}_{E_c} + \underbrace{\int k_s x \mathrm{d}x}_{E_k} = \underbrace{-\int m_s \ddot{x}_g \mathrm{d}x}_{E_i} + \underbrace{\int F_{\mathrm{TLCD}} \mathrm{d}x}_{-E_{\mathrm{TLCD}}} \quad (5\text{-}31)$$

各个能量分量的意义及计算公式如下:

$$\begin{cases} 结构动能: E_m = \int m_s \ddot{x} \mathrm{d}x = \int m_s \dfrac{\mathrm{d}\dot{x}}{\mathrm{d}t} \mathrm{d}x = m_s \dfrac{\dot{x}^2}{2} \\[2mm] 结构弹性势能: E_c = \int c_s \dot{x} \mathrm{d}x = \int c_s \dot{x}^2 \mathrm{d}t \\[2mm] 结构黏性阻尼耗能: E_k = \int k_s x \mathrm{d}x = k_s \dfrac{x^2}{2} \\[2mm] 地震输入总能量: E_i = -\int m_s \ddot{x}_g \mathrm{d}x = -\int m_s \ddot{x}_g \dot{x} \mathrm{d}t \\[2mm] \mathrm{TLCD} 耗能: E_{\mathrm{TLCD}} = -\int F_{\mathrm{TLCD}} \mathrm{d}x = -\int F_{\mathrm{TLCD}} \dot{x} \mathrm{d}t \end{cases} \quad (5\text{-}32)$$

图 5.18 为三组地震动下的 TLCD 实测作用力 F_{TLCD} 与结构位移的滞回关系曲线,从图中的滞回圈可以看出 TLCD-A1 耗能的非线性特性。图 5.19 给出了系统在三条地震记录下的各项能量随时间的变化。三个地震工况下,钢架-TLCD-A1 系统具有的总能量 $E_m + E_c + E_k + E_{\mathrm{TLCD}}$ 与地震输入总能 E_i 在整个地震过程中吻合非常好,表明能量在 RTHS 试验过程中始终守恒。同时,TLCD 耗能 E_{TLCD} 在结构响应较大阶段增长较快,且在地震作用后期基本保持不变;E_{TLCD} 在整个加载过程中远远大于结构固有阻尼耗能 E_c,表明 TLCD 的减震效果十分可观。

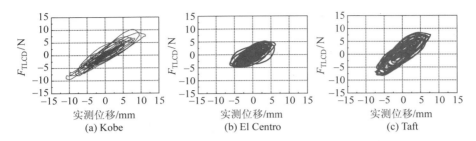

图 5.18　RTHS 试验中 TLCD-A1 作用力-位移滞回曲线

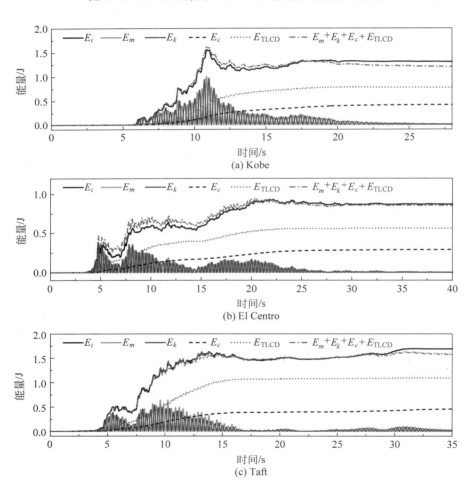

图 5.19　RTHS 试验中能量分量随时间变化图

总之，RTHS 用于 TLCD 试验研究具有较高的精度，能够用于 TLCD 减震性能的进一步研究。

图 5.20 和图 5.21 分别给出了有无 TLCD 控制时 RTHS 试验的单层钢架加速度响应时程和傅里叶谱。在三组地震动作用下，TLCD 具有显著的减震效果。有 TLCD 控制时结构的加速度响应明显比无 TLCD 控制时小；从傅里叶谱的结果也可以看出，TLCD-A1 的频率调谐特性十分明显。

表 5.3 给出了单层钢架峰值和 RMS 加速度响应的减震效果对比。在 Kobe、El Centro 和 Taft 地震动作用下，峰值加速度的减震比例分别为 18.37%、4.97% 和 32.62%；RMS 加速度的减震比例分别为 30.23%、28.52% 和 55.38%。由于 El Centro 地震动作用下的加速度峰值出现较早，TLCD 液体尚未充分运动，因此相比其他两组地震动，TLCD 对峰值加速度的减震效果较差。

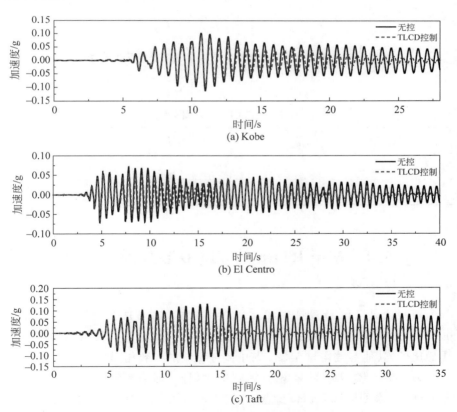

图 5.20　有无 TLCD-A1 控制的加速度响应时程对比

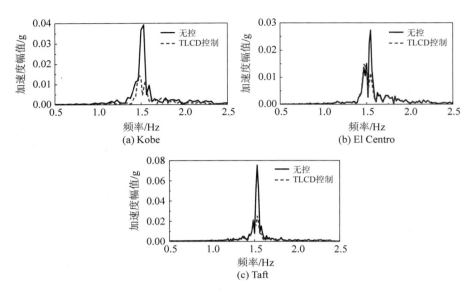

图 5.21   有无 TLCD-A1 控制的加速度响应傅里叶谱对比

表 5.3   TLCD-A1 减震效率   %

减震指标	Kobe	El Centro	Taft
P_a	18.37	4.97	32.62
R_a	30.23	28.52	55.38

5.4   基于 RTHS 的 TLCD 参数影响分析

5.4.1   质量比

质量比是 TLCD 设计中的一个关键参数。本节选取质量比 μ 分别为 0.79%、1.58%、2.37%、3.16%、3.95% 和 4.74% 进行了 RTHS 试验。除质量比外,其他参数均与 5.3.4 节中验证试验的参数相同。

为了节省模型成本,不论目标质量比如何,都采用质量比为 2.37% 的 TLCD-A1 模型进行 RTHS 试验。为此,本节提出反馈力比例系数法来获得目标质量比所对应的反馈力。该方法的思路是:通过 TLCD-A1 实测反馈力乘以一比例系数 β_F 来获得目标质量比对应的力，β_F 等于目标质量比与 TLCD-A1 质量比的比值。

　　首先验证该方法的精度。以目标质量比 $\mu=0.79\%$ 为例，对于反馈力比例系数法，$\beta_F=0.79/2.37=1/3$。由于数值子结构为线弹性，因此"精确解"可以通过如下方式获得：将数值子结构的质量、刚度和阻尼同时放大 3 倍，此时 TLCD-A1 质量与数值子结构质量的比值由 2.37% 变为 0.79%，反馈力按实测值直接反馈。图 5.22 给出了 Taft 地震动激励下反馈力比例系数法和"精确解"的试验结果对比，两种方法的结构位移和加速度响应都完全吻合，表明反馈力比例系数法是精确合理的。

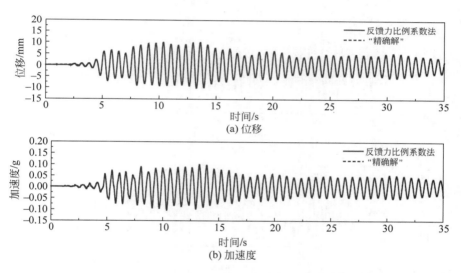

图 5.22　反馈力比例系数法应用于 TLCD 质量比研究的精度验证

　　图 5.23 和图 5.24 分别为三条地震动作用下 TLCD-A1 在不同质量比下的位移和加速度响应时程对比。从图中可以看出，不同质量比下，TLCD-A1 对于结构在地震荷载作用初期的响应减弱效果都不太明显，但在中后期能够明显地降低结构响应；随着质量比的增大，结构响应逐渐变小。图 5.25 给出了相应的减震比例对比，结果表明：质量比越大，TLCD-A1 的减震效果越好；TLCD-A1 对于 RMS 位移和加速度的减小效果好于峰值位移和加速度的减小效果；Taft 地震动作用下的减震效果明显优于其他两组地震动作用下的减震效果。三条地震动下的各个减震指标的增加速率在质量比较低段（$\mu<3.16\%$）明显大于质量比较高段（$\mu>3.16\%$），这说明

采用较大的质量比并不能总是能够获得比较明显的减震效果,这也和 5.2.2 节中理论分析得到的规律一致。因此,建议 TLCD 质量比取 2% ～ 3% 比较合适。

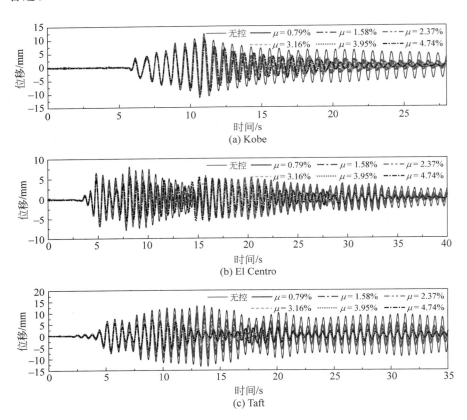

图 5.23　不同质量比 μ 的位移响应结果对比

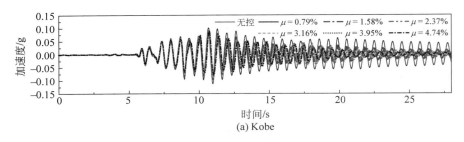

图 5.24　不同质量比 μ 的加速度响应结果对比

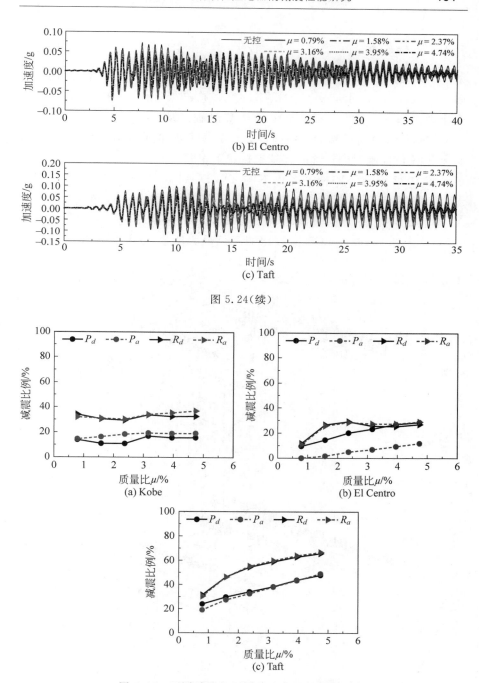

图 5.24(续)

图 5.25　不同质量比 μ 下 TLCD-A1 减震比例

5.4.2　结构阻尼比

本节选取了四个结构阻尼比($\zeta_s = 0.5\%$, 2%, 5%和8%)来进行研究。图 5.26 给出了不同阻尼比下的结构动力响应结果,由于位移和加速度响应变化规律基本一致,因此只给出了位移时程。从图中可以看出,当 $\zeta_s =$ 0.5%时,TLCD 对位移响应的抑制效果十分明显;但是随着阻尼比的增大,有无 TLCD 控制时的位移时程越来越趋于相同。

图 5.27 给出了四种 ζ_s 条件下的 TLCD-A1 减震效果的对比,TLCD-A1 的减震效果随着 ζ_s 的增大而迅速降低;但是当 ζ_s 达到一定值后,TLCD-A1 减震比例随着 ζ_s 的增大而不再降低,几乎保持不变。其中,当 ζ_s 由 0.5%增大到 2%时,TLCD 减震比例降低最为明显,这是因为结构固有阻

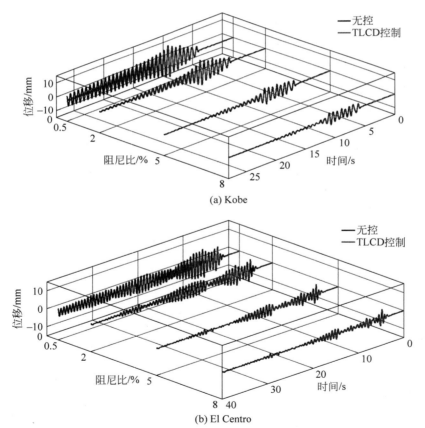

图 5.26　不同结构阻尼比 ζ_s 下的结构位移响应时程(前附彩图)

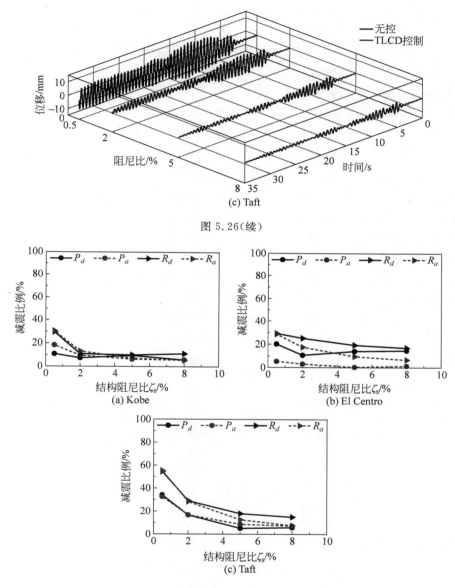

图 5.26(续)

图 5.27 不同结构阻尼比 ζ_s 下 TLCD-A1 减震比例

尼的耗能特性使得结构动力响应整体降低，TLCD-A1 中液体无法充分运动，进而导致减震效果无法充分发挥。因此 TLCD 更适用于阻尼比较低的结构，比如钢结构等。

5.4.3 结构刚度变化

建筑结构受到地震荷载、温度荷载作用或者加固措施后,结构刚度有可能会发生变化,从而导致结构频率变化;由于 TLCD 是一类对结构频率敏感的阻尼器,因此需要校核结构刚度对于 TLCD 减震效果的影响。本节进行了考虑结构刚度变化率的 RTHS 试验,其他参数均与 5.3.4 节试验保持一致。结构刚度变化率 κ_s 定义为变化后的刚度 k_s' 和结构设计刚度 k_s 满足 $k_s' = (1 + \kappa_s) k_s$。

图 5.28 给出了 $\kappa_s = 0$ 和 $\pm 20\%$ 时,三条地震动下 TLCD-A1 减震效率的试验结果。对于 Kobe 地震动,TLCD-A1 的减震比例的四个评价指标都随着刚度的增加而降低;对于 El Centro 地震动,TLCD-A1 减震比例基本上随着刚度增加而增加;而对于 Taft 地震动,当结构刚度不变时,TLCD-A1 减震效果最好。这一组试验结果表明 TLCD 减震效果跟结构刚度以及地震输入的频率分布密切相关,在 TLCD 设计时,应当严格控制 TLCD 频率的调谐比,使得 TLCD 减震效果最佳。

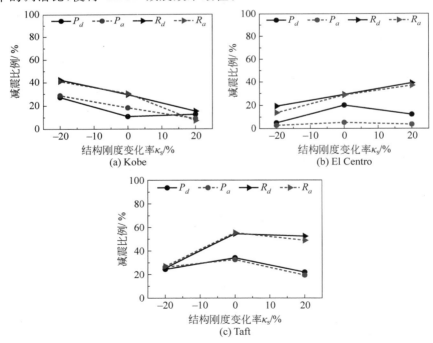

图 5.28   结构刚度变化下 TLCD-A1 减震比例

5.4.4　地震加速度峰值

下面研究 PGA 对 TLCD-A1 减震效果的影响。选取了 PGA 分别为 0.0125g、0.025g、0.05g、0.1g 和 0.2g 进行 RTHS 试验，得到不同 PGA 下 TLCD-A1 减震效率如图 5.29 所示。从图中可以看出，TLCD-A1 减震效率随着 PGA 的增加先增大后减小，位移和加速度的减小比例都在 PGA＝0.025g 时达到峰值。当 PGA＝0.2g 时，Kobe 地震动作用下的加速度和位移峰值减小比例甚至出现了负值的情况。

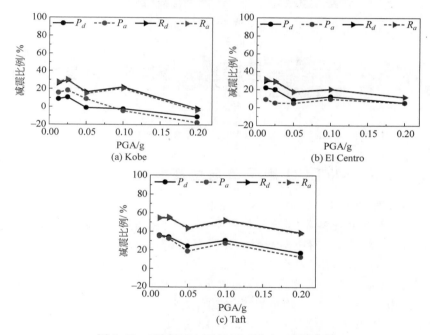

图 5.29　不同 PGA 下的 TLCD-A1 减震比例

图 5.30 给出了各个工况下 TLCD-A1 液体在钢架顶部位移峰值附近时的运动形态，从图中可以看出，当 PGA＜0.025g 时，可以看出在三条地震动下液面都保持平稳，竖直段并未出现水波破碎的情况；而当 PGA＞0.025g，TLCD-A1 液面振荡加剧，在 PGA 增大至 0.1g 和 0.2g 时，液体出现了强烈的水波破碎现象。由于在此时，竖直段液体运动类似于 TLD，使得 TLCD-A1 调谐频率发生了变化，这可能是当 PGA 较大时，TLCD-A1 减震效果变差的原因。以往的研究中并未考虑 TLCD 由水波破碎导致的频率改变，因此这一现象值得进一步研究。

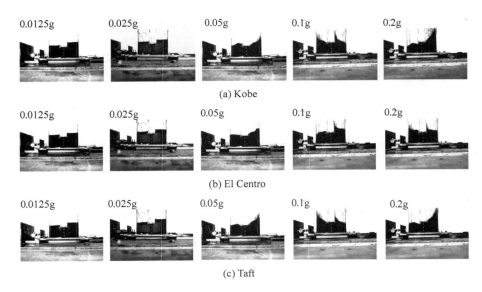

图 5.30　不同 PGA 下 TLCD-A1 液体典型运动形态（前附彩图）

5.5　MTLCD 用于单自由度钢架的减震控制

本节对 MTLCD（TLCD-A2）控制一阶振型响应进行了初步研究。TLCD-A2 的相关参数如表 5.1 所示，三个单元的水深分别为 0.033m，0.051m 和 0.076m，对应调谐频率分别为 1.677Hz、1.527Hz 和 1.377Hz；中心频率 $f_0 = 1.527\text{Hz}$，频率间隔 $\Delta f = 0.15\text{Hz}$。图 5.31 给出了 TLCD-A2 的模型照片，TLCD 单元频率随着水深的增加依次降低。TLCD-A2 的质量比为 2.37%，与 TLCD-A1 质量比保持相同。

图 5.32 和图 5.33 给出了 TLCD-A2 的减震效率，并和 TLCD-A1 的相

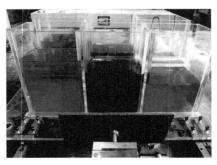

图 5.31　TLCD-A2 模型照片（前附彩图）

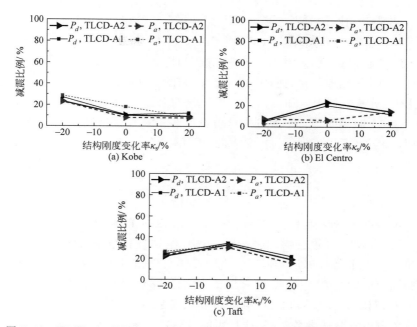

图 5.32　TLCD-A2(MTLCD)与 TLCD-A1(STLCD)的峰值响应减震比例对比

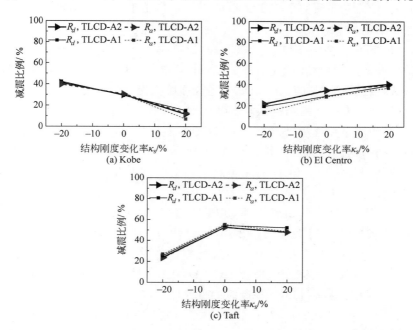

图 5.33　TLCD-A2(MTLCD)与 TLCD-A1(STLCD)的 RMS 响应减震比例对比

应结果进行对比,同时考虑了 $\kappa_s = \pm 20\%$ 的影响。在图 5.32(a)、图 5.33(a) 中 Kobe 地震动和图 5.32(c)、图 5.33(c) 中 Taft 地震动作用下,两种 TLCD 减震效果基本相当,个别工况 TLCD-A1 的减震效果稍稍高于 TLCD-A2 的减震效果;而在图 5.32(b) 和图 5.33(b) 中 El Centro 地震动作用下,对于 κ_s 等于 0 和 $\pm 20\%$ 三种工况,TLCD-A2 的减震效果明显高于 TLCD-A1 减震效果。考虑到本章所设计的 TLCD 模型尺寸较小,MTLCD 频率调谐会受到一定限制,更深入的 MTLCD 研究将在第 6 章展开。

5.6　本章小结

本章基于清华大学 RTHS 系统,构建了 TLCD 减震性能研究的试验框架,通过将 TLCD 进行物理试验而对被控结构进行数值模拟,可以真实地反映 TLCD 非线性阻尼特性。首先通过将 RTHS 试验结果、纯数值解和常规振动台试验结果对比,发现 RTHS 试验比纯数值解具有更高的精度,验证了 RTHS 技术用于 TLCD 减震研究的可靠性;同时利用 RTHS 可以随意调节数值子结构参数的特点,对影响 TLCD 性能的典型参数进行了敏感性分析;最后初步研究了 MTLCD 应用于单自由度结构的减震效果。得到的主要结论如下:

(1) SDOF 结构-STLCD 系统时滞稳定性分析表明:虽然时滞存在时系统是条件稳定的,存在稳定界限,但是由于常用 TLCD 质量比远小于临界质量比,因此 RTHS 的 TLCD 试验是能够始终保持稳定的,不会出现失稳。

(2) STLCD 试验结果表明,TLCD 的减震效果随着质量比增加而增加,但是当质量比继续增加时,TLCD 的减震效果并不能继续显著提高;同时对结构阻尼比的研究表明 TLCD 更适合结构阻尼比低的结构。结构刚度变化的研究表明 TLCD 的减震效果和结构刚度及地震输入的频率特性密切相关。

(3) 关于 PGA 的研究表明,TLCD 随着 PGA 的增大先增大后减小。当 PGA 较大时,TLCD 竖直段出现了强烈的水波破碎现象,使得 TLCD 频率失去调谐,从而使 TLCD 减震效果变差。

(4) MTLCD 的减震效果和 STLCD 相当,但由于 MTLCD 具有较大的频率带宽,可以提高 TLCD 控制时的鲁棒性。同时由于所采用的 TLCD 模型受调谐频率限制,所以尺寸较小,后续将对 MTLCD 的减震性能进行进一步研究。

第6章　调谐液柱阻尼器在高层结构减震中的应用试验

6.1　引　　论

随着高层、超高层建筑结构的不断涌现,其抗风、抗震问题也更加突出。高层的 MDOF 结构自振频率较低,TLCD 的自振频率也较低,因此 TLCD 在高层结构减震中的应用前景会更加广泛。本章将采用 RTHS 技术来研究 TLCD 在实际工程中 MDOF 结构的减震应用。

目前 MDOF 结构-TLCD 系统的减震研究主要采用理论和数值分析。Yalla[144]研究了被动 TLCD 及半主动 TLCD 对一个 5 自由度结构的减震效果。Xue[164]建立了大跨度桥梁-TLCD 系统(TLCD 安装在桥面板上)的控制运动方程,并考虑了桥面板在侧向、垂向和扭转位移分量;数值模拟表明 TLCD 能够有效地控制桥梁在风振作用下的动力响应。Kim[150]采用数值方法研究了 76 层 Benchmark 模型在 TLCD 半主动控制及黏滞流体阻尼器-TLCD 混合控制下的风振响应。试验应用方面,Min[141]开展了 TLCD/TMD 结合的一个实际为五层结构原型试验研究。Shum[139]开展了 STLCD 和 MTLCD 控制单自由度结构扭转振动的物理试验研究。需要说明的是,已有的 MTLCD 研究[128,129,139]都是将多个 TLCD 单元的频率均匀分布在结构基频两侧,形成一个频带,实质上仍是单阶振型控制。对于 MDOF 结构,结构的高阶振型响应也可能比较显著,此时可以采用不同 TLCD 进行不同阶振型响应控制,这一类 MTLCD 在以往的研究中鲜有提及。

考虑到 SSI 效应可能会改变整体结构的自振频率,SSI 效应对于调谐类阻尼器减震效果的影响需要进行重新评价。学者们已从试验的角度对 SSI 效应研究做过诸多尝试,例如,陈跃军[165]和吕西林[166]将结构置于一个有限尺寸的土箱来模拟 SSI 效应;李德玉[167]进行了拱坝-地基动力相互作用的常规振动台模型试验;Lou[168]和楼梦麟[169]分别对考虑地基-桩-结构相互作用效应的 TMD 和 TLD 减震效果进行了常规振动台试验研究,结果表明 SSI 效应不利于 TMD 和 TLD 减震效果的发挥。采用常规振动台试验模拟 SSI 效应的主要局限在于土箱的边界问题,有限的土箱边界无法完全真实反映半无限地基边界的作用效应[170]。近年来,Wang[101]和 Zhou[108]采用 RTHS 技术来模拟 SSI 效应,该方法的优势在于可以将半无限地基进行数值模拟,并引入人工边界条件来模拟真实边界条件。因此,采用 RTHS 来进行考虑 SSI 效应的 TLCD 减震研究可能能获得更好的精度。

　　本章基于双目标机 RTHS 系统及双振动台,提出了足尺 TLCD-结构-地基系统的试验方法,以具有实际工程的九层 Benchmark 钢结构为研究对象,研究了 TLCD 的减震特性。首先对于刚性地基条件,比较了 STLCD 控制单阶振型响应和 MTLCD 控制单阶/多阶振型响应的效果;然后对于柔性地基,采用一个 1160 个自由度的有限元 FE 模型进行模拟,评价了固定边界和人工黏弹性边界对于 TLCD 减震效果的影响。

6.2　多自由度结构-TLCD 系统动力方程

6.2.1　多自由度结构-STLCD 系统

　　安装 STLCD 的 MDOF 结构体系的运动方程可以根据公式(5-12)推广而来,即

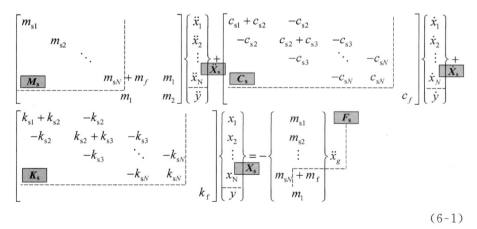

$$(6\text{-}1)$$

其中,m_{si}、c_{si} 和 k_{si} 分别为 MDOF 结构中第 i 个自由度的质量、阻尼和刚度;x_i、$\dot{x}_i$ 和 $\ddot{x}_i$ 分别为 MDOF 结构中第 i 个自由度的位移、速度和加速度;N 为被控结构自由度数。其动力响应的求解也与单自由度体系相似。

6.2.2　多自由度结构-MTLCD 系统

采用 MTLCD 进行结构减震控制也是提高 TLCD 控制性能的一种途径。如图 6.1 所示的 MDOF 结构-MTLCD 系统,假设采用 n 个 TLCD 置于顶层来控制结构在地震作用下的响应,第 i 个 TLCD 的尺寸分别表示为垂直段面积 $A_{\mathrm{V}i}$,水平段面积 $A_{\mathrm{H}i}$,垂直段液体长度 V_i,水平段液体长度 H_i。液体运动方程可以表示为

$$m_{1i}\ddot{x}_N + m_{2i}\ddot{y}_i + c_{fi}\dot{y}_i + k_{fi}y_i = -m_{1i}\ddot{x}_g, \quad |y_i| < V_i \tag{6-2}$$

其中,$m_{1i} = \rho_{\mathrm{w}}A_{\mathrm{V}i}H_i$,$m_{2i} = \rho_{\mathrm{w}}A_{\mathrm{V}i}(2V_i + \eta_i H_i)$,$\eta_i = A_{\mathrm{V}i}/A_{\mathrm{H}i}$;$c_{fi} = (1/2)\rho_{\mathrm{w}}(A_{\mathrm{V}i}^2/A_{\mathrm{H}i})\delta_i|\dot{y}_i|$ 为第 i 个 TLCD 的液体阻尼,其中,δ_i 为水头损失系数;$k_{fi} = 2\rho_{\mathrm{w}}A_{\mathrm{V}i}g$ 为第 i 个 TLCD 的液体刚度。

与 TLCD 连接的顶层结构动力方程为

$$(m_{sN} + m_{\mathrm{f,total}})\ddot{x}_N + \sum_{i=1}^{n} m_{1i}\ddot{y}_i + c_{sN}(\dot{x}_N - \dot{x}_{N-1}) + k_{sN}(x_N - x_{N-1})$$
$$= -(m_{sN} + m_{\mathrm{f,total}})\ddot{x}_g \tag{6-3}$$

其中,$m_{\mathrm{f,total}} = \sum_{i=1}^{n} \rho_{\mathrm{w}}A_{\mathrm{V}i}(2V_i + \eta_i H_i)$ 为 TLCD 系统的总质量。

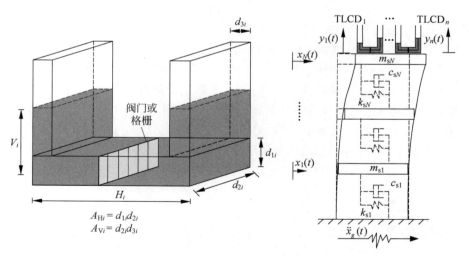

图 6.1　MDOF 结构-MTLCD 系统

最终,MDOF 结构-MTLCD 系统的动力方程可以表示为

$$\overline{\boldsymbol{M}}\ddot{\boldsymbol{X}} + \overline{\boldsymbol{C}}\dot{\boldsymbol{X}} + \overline{\boldsymbol{K}}\boldsymbol{X} = -\overline{\boldsymbol{F}} \tag{6-4}$$

$$
\bar{M} = \begin{bmatrix} M_s + m_{f,\text{total}} & m_{11} & m_{12} & \cdots & m_{1n} \\ m_{11} & m_{21} & 0 & \cdots & 0 \\ m_{12} & 0 & m_{22} & \cdots & \vdots \\ \vdots & \vdots & \vdots & \ddots & 0 \\ m_{1n} & 0 & \cdots & 0 & m_{2n} \end{bmatrix}, \quad \bar{C} = \begin{bmatrix} C_s & 0 & \cdots & \cdots & 0 \\ 0 & c_{f2} & 0 & \cdots & 0 \\ \vdots & 0 & \ddots & \cdots & \vdots \\ \vdots & \vdots & \vdots & \ddots & 0 \\ 0 & 0 & 0 & \cdots & c_{fn} \end{bmatrix},
$$

$$
\bar{K} = \begin{bmatrix} K_s & 0 & \cdots & \cdots & 0 \\ 0 & k_{f2} & 0 & \cdots & 0 \\ \vdots & 0 & \ddots & \cdots & \vdots \\ \vdots & \vdots & \vdots & \ddots & 0 \\ 0 & 0 & \cdots & 0 & k_{fn} \end{bmatrix} \tag{6-5}
$$

$$
\bar{F} = \left\{ \begin{array}{c} F_s + m_{f,\text{total}}\ddot{x}_g \\ m_{11}\ddot{x}_g \\ m_{12}\ddot{x}_g \\ \vdots \\ m_{1n}\ddot{x}_g \end{array} \right\}\ddot{x}_g, \quad \ddot{X} = \left\{ \begin{array}{c} \ddot{X}_s \\ \ddot{y}_1 \\ \ddot{y}_2 \\ \vdots \\ \ddot{y}_n \end{array} \right\}, \quad \dot{X} = \left\{ \begin{array}{c} \dot{X}_s \\ \dot{y}_1 \\ \dot{y}_2 \\ \vdots \\ \dot{y}_n \end{array} \right\}, \quad X = \left\{ \begin{array}{c} X_s \\ y_1 \\ y_2 \\ \vdots \\ y_n \end{array} \right\} \tag{6-6}
$$

第 i 个 TLCD 的自振频率为

$$
f_{fi} = \frac{1}{2\pi}\sqrt{\frac{2g}{L_{1i}}} \tag{6-7}
$$

在过去的研究中,MTLCD 应用主要是采用一定频率间隔的多个 TLCD 控制一阶振型响应,这样可以扩大 TLCD 的调谐频带宽度,提高 TLCD 控制稳定性,比如在第 5 章就对该类 MTLCD 进行了初步研究。另一方面,在某些地震荷载作用下,结构可能以高阶响应为主,此时仅控制结构一阶振型响应可能效果并不明显,因此也需要考虑采用 MTLCD 控制多阶振型响应。综上,总结出 MTLCD 的应用形式可以分为两类:控制单阶振型和多阶振型响应,如图 6.2 所示。具体而言:

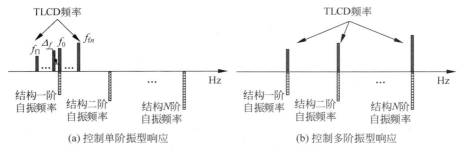

图 6.2　MTLCD 的两种控制形式

（1）当 MTLCD 控制单阶振型时，MTLCD 布置的关键参数取决于中心频率 f_0 和频率间隔 Δf，详见公式（5-16）和公式（5-17）；

（2）当 MTLCD 控制多阶振型时，将每个 TLCD 单元频率 f_{fi} 分别调谐至结构的第 i 阶自振频率即可。

6.3　足尺 TLCD-结构-地基系统的 RTHS 试验方法

足尺 TLCD 动力试验是研究 TLCD 减震性能最可靠的方法，本节以 RTHS 系统为平台，提出了多振动台加载的足尺 TLCD-结构-地基系统试验的解决方案。下面以考虑半无限地基的 MDOF 结构-MTLCD 系统为例，进行试验方法介绍。

如图 6.3 所示，假设 MTLCD 系统由几何尺寸和频率特性都不同的 J 组 TLCD 组成（TLCD-1 至 TLCD-J），TLCD-j 中的 TLCD 单元完全相同，单元个数分别为 $n_j(j=1,2,\cdots,J)$。将 MDOF 结构-地基作为数值子结构，则其动力方程可以写为

$$\boldsymbol{M}_{\mathrm{s}}\ddot{\boldsymbol{x}} + \boldsymbol{C}_{\mathrm{s}}\dot{\boldsymbol{x}} + \boldsymbol{K}_{\mathrm{s}}\boldsymbol{x} = -\boldsymbol{F}_{\mathrm{s}} + \sum_{j=1}^{J} n_j \boldsymbol{F}_{\mathrm{TLCD}\text{-}j} \qquad (6\text{-}8)$$

其中，$\boldsymbol{M}_{\mathrm{s}}$，$\boldsymbol{C}_{\mathrm{s}}$ 和 $\boldsymbol{K}_{\mathrm{s}}$ 为结构-地基系统的质量，阻尼和刚度矩阵；$\boldsymbol{F}_{\mathrm{s}}$ 为外荷载向量；$\boldsymbol{F}_{\mathrm{TLCD}\text{-}j}$ 为第 j 组 TLCD 中任一 TLCD 单元的作用力，计算公式如下：

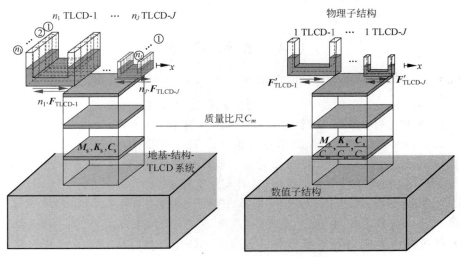

图 6.3　足尺 TLCD 试验解决方案

$$\boldsymbol{F}_{\text{TLCD-}j} = \{0, \cdots, 0, \underbrace{m_{\text{f}j}(\ddot{x}_g + \ddot{x}_N) + m_{1j}\ddot{y}_j}_{F_{\text{TLCD-}j}}\}^T, \quad (j = 1, 2, \cdots, J) \quad (6\text{-}9)$$

在 RTHS 试验中,考虑到振动台的承载能力,一般只考虑质量比尺 C_m,而频率及长度比尺分别为 $C_f = C_l = 1$。从公式(6-7)可知,TLCD 的频率只和沿激振方向的长度相关,当 $C_l = 1$ 时,试验的 TLCD 单元模型即为 TLCD 单元原型。此时,结构的动力响应比尺为 $C_{\ddot{x}} = C_{\dot{x}} = C_x = 1$,阻尼和刚度比尺为 $C_c = C_k = C_m$。数值子结构的动力方程可以写成:

$$\frac{\boldsymbol{M}_s}{C_m}\ddot{x} + \frac{\boldsymbol{C}_s}{C_m}\dot{x} + \frac{\boldsymbol{K}_s}{C_m}x = -\frac{\boldsymbol{F}_s}{C_m} + \frac{\sum\limits_{j=1}^{J} n_j \boldsymbol{F}'_{\text{TLCD-}j}}{C_m} \quad (6\text{-}10)$$

假设 $\boldsymbol{F}'_{\text{TLCD-}j}$ 为第 j 组 TLCD 中任一 TLCD 单元的实测作用力,令 $C_m = n_j$,比较公式(6-10)和公式(6-8),可以得到:

$$\boldsymbol{F}'_{\text{TLCD-}j} = \boldsymbol{F}_{\text{TLCD-}j} \quad (6\text{-}11)$$

同时,由于各组 TLCD 相互独立,因此公式(6-10)和公式(6-8)中的 $\boldsymbol{F}_{\text{TLCD-}j}$ 或 $\boldsymbol{F}'_{\text{TLCD-}j}$ 均为线性无关,且与 C_m 取值无关。因此,各组 TLCD 中,模型 TLCD 单元的作用力与原型中 TLCD 单元的力完全相同,即 TLCD 模型和原型的动力行为完全一致。因此,在 RTHS 中,对于每一组 TLCD,只需要采用一个 TLCD 单元进行模型试验得到,其真实的 TLCD 作用力可以通过每个单元实测作用力乘以单元个数得到。这样即可实现足尺 TLCD 的 RTHS 试验。此外,对于多 TLCD 模型,可以采用多个振动台分别加载,进行尺寸更大的 RTHS 试验。

6.4　试　验　模　型

6.4.1　九层 Benchmark 钢结构

Benchmark 模型是 ASCE 结构控制委员会采用统一模型统一比较各种控制方法优劣而设计的[171-173]。本节选择 Ohtori[174] 提出的九层 Benchmark 钢结构模型作为研究对象来研究 TLCD 的减震控制效果。该 Benchmark 钢结构由 SAC 按照美国加州设计规范在第二阶段设计的钢结构,可以代表典型的中层钢结构,具有实际工程意义。

如图 6.4 所示,九层 Benchmark 钢结构在平面的尺寸为 $45.73\text{m} \times 45.73\text{m}$,高 37.19m;东西方向上各有 5 跨,在高度方向上分地上九层,地下一层。结构的抗侧力系统由周边抵抗弯矩框架(MRFs)组成。MRFs 的柱子采用 345MPa 的钢柱;楼板系统主要由 248MPa 的宽缘工字钢梁及混凝土楼面

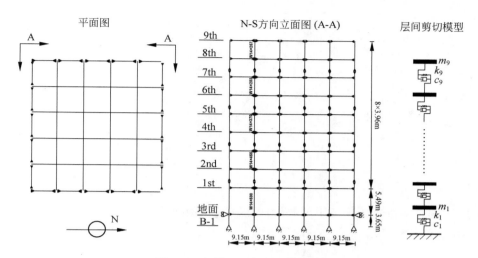

图 6.4　九层 Benchmark 钢结构

板组成。结构总质量为 9.90×10^6 kg，其中第一层质量为 1.01×10^6 kg，第二层～第八层质量均为 9.89×10^5 kg，第九层质量为 1.07×10^6 kg。

　　模型的动力结构响应仅集中在南北向的二维平面进行分析。Ohtori[174] 采用梁柱单元的 FE 模型来描述该九层 Benchmark 钢结构，共计 198 个自由度；而 Maghareh[175] 采用一个简化的 9 自由度层间剪切模型进行模拟。FE 模型得到水平向前三阶自振频率分别为 0.449 Hz、1.178 Hz 和 1.975 Hz，层间剪切模型得到的前三阶自振频率分别为 0.442 Hz、1.178 Hz 和 2.047 Hz，二者吻合较好，表明后者的简化模型具有可靠的精度。由于 TLCD 模型主要用于控制结构水平方向的振动响应，因此采用层间剪切模型进行 RTHS 试验。结构的质量和刚度矩阵分别为[175]

$$
\boldsymbol{M}_s = \begin{bmatrix}
10.1 & & & & & & & & \\
& 9.89 & & & & & & & \\
& & 9.89 & & & & & & \\
& & & 9.89 & & & & & \\
& & & & 9.89 & & & & \\
& & & & & 9.89 & & & \\
& & & & & & 9.89 & & \\
& & & & & & & 9.89 & \\
& & & & & & & & 10.7
\end{bmatrix} \times 10^5 \text{ kg}
$$

(6-12)

$$
\boldsymbol{K_s} = \begin{bmatrix} 6.2257 & -4.3543 & & & & & & & \\ -4.3543 & 8.6275 & -4.2732 & & & & & & \\ & -4.2732 & 7.8091 & -3.5359 & & & & & \\ & & -3.5359 & 6.9807 & -3.4448 & & & & \\ & & & -3.4448 & 6.4480 & -3.0032 & & & \\ & & & & -3.0032 & 5.0879 & -2.0847 & & \\ & & & & & -2.0847 & 3.9126 & -1.8279 & \\ & & & & & & -1.8279 & 3.4993 & -1.6713 \\ & & & & & & & -1.6713 & 1.6713 \end{bmatrix} \times 10^8\,\mathrm{N/m}
$$

$$(6\text{-}13)$$

阻尼矩阵采用模态阻尼假设,各阶模态的阻尼比为 2%,阻尼矩阵的计算公式如下[174]:

$$
\boldsymbol{C_s} = \boldsymbol{M_s}\boldsymbol{\Phi} \begin{bmatrix} 2\zeta_s\omega_1 & 0 & 0 \\ 0 & \ddots & 0 \\ 0 & 0 & 2\zeta_s\omega_n \end{bmatrix} \boldsymbol{\Phi}^{-1} \tag{6-14}
$$

其中,$\boldsymbol{\Phi}$ 为模态振型。

本章试验的比尺设计主要考虑质量比尺。假定时间和加速度比尺分别为 $C_t = C_a = 1$,而质量比尺为 $C_m = 10^4$。因此,在 RTHS 中,九层 Benchmark 钢结构的总质量为 990kg,TLCD 模型的质量比将按照该结构质量进行设计。

6.4.2 足尺 TLCD 模型

由于本章试验主要研究 MTLCD 控制结构单阶及多阶振型响应问题,因此根据九层结构的自振特性,设计了五组 TLCD 模型用于试验。表 6.1 给出了五组 TLCD 的几何特性参数;图 6.5 给出了相应的 TLCD 模型图片。TLCD 模型均采用板厚为 10mm 的有机玻璃板制作,TLCD-A,B,C 的水平段设置三个格栅,TLCD-D 和 TLCD-E 的水平段设置一个格栅,均用于提高水体阻尼效应,所有 TLCD 的几何尺寸参数及频率特性均通过 Den Hartog[162] 优化公式计算得到。TLCD-A 的自振频率为 0.459Hz,用于控制结构一阶振型响应;TLCD-A,B,C 的频率间隔 $\Delta f = 0.15$Hz,可以组合成一个 MTLCD 用于控制单一振型响应;TLCD-D 的自振频率为 1.188Hz,用于控制结构的第二阶振型响应;TLCD-E 的自振频率为 1.063Hz,接近结构-地基系统的第二阶自振频率,6.7 节中将会进行深入的介绍和分析。

表 6.1　TLCD 几何特性参数

TLCD 编号	H/m	V/m	d_1/m	d_2/m	d_3/m	$A_\mathrm{H}/\mathrm{m^2}$	$A_\mathrm{V}/\mathrm{m^2}$	f_f/Hz	$\mu/\%$
TLCD-A	1.300	0.150	0.077	0.060	0.123	0.0139	0.0221	0.459	2.20
TLCD-B	1.300	0.150	0.033	0.094	0.116	0.0033	0.0116	0.309	0.73
TLCD-C	1.133	0.104	0.054	0.094	0.054	0.0054	0.0054	0.609	0.73
TLCD-D	0.1	0.12	0.06	0.153	0.06	0.0108	0.0108	1.188	0.367
TLCD-E	0.1	0.17	0.06	0.112	0.06	0.0084	0.0084	1.063	0.367

TLCD-A

TLCD-B(蓝色)和TLCD-C(红色)

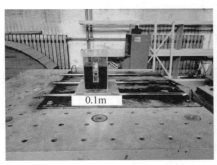

TLCD-D

TLCD-E

图 6.5　TLCD 模型照片(前附彩图)

　　本章所有试验都基于上述 5 组 TLCD。后续试验中用到的 TLCD 组合方案见表 6.2。其中方案 1 为 STLCD 方案,仅采用 1 个 TLCD-A 进行一阶振型控制,质量比为 2.2%。方案 2 采用 1/3 个 TLCD-A,1 个 TLCD-B 和 1 个 TLCD-C 组成 MTLCD,总质量比为 2.2%,用于和方案 1 进行控制结构一阶振型的减震效果对比。方案 3 采用 1/2 个 TLCD-A 和 3 个 TLCD-D 组成可控制一、二阶振型响应的 MTLCD,总质量比为 2.2%,用于和方案 2 进行不同 MTLCD 控制形式的减震效果对比。方案 4 采用 3/2 个 TLCD-A 将质量比提高至 3.3% 进行 STLCD 一阶振型响应控制。方案 5 采用 1 个 TLCD-A 和 3 个 TLCD-D 组成质量比同为 3.3% 的 MTLCD,与方案 4 进行对比。方案 5 相比于方案 3 的区别在于控制一阶振型响应的 TLCD-A 质量比的提高。方案 6 为 1 个 TLCD-A 和 3 个 TLCD-E 的 MTLCD 方案,由于在考虑 SSI 效应后结构的二阶频率会发生变化,方案 5 中的 TLCD-D 可能会失去调谐作用,因此方案 6 和方案 5 的对比可以用来研究控制二阶振型响应的 TLCD-E 重新调谐后的 MTLCD 减震效果。对于 MTLCD 的 RTHS 试验,将采用双振动台进行加载。

表 6.2　TLCD 试验设计方案

TLCD 组合方案	TLCD 单元个数					质量比 μ/%	被控振型
	TLCD-A	TLCD-B	TLCD-C	TLCD-D	TLCD-E		
1	1	0	0	0	0	2.20	一阶
2	1/3	1	1	0	0	2.20	一阶
3	1/2	0	0	3	0	2.20	一、二阶
4	3/2	0	0	0	0	3.30	一阶
5	1	0	0	3	0	3.30	一、二阶
6	1	0	0	0	3	3.30	一、二阶

6.5　STLCD 控制的 RTHS 试验

6.5.1　STLCD 动力特性

采用单 TLCD 进行减震控制是 TLCD 最基本的应用形式。本节将重点研究方案 1 中 STLCD(TLCD-A)应用于九层 Benchmark 钢结构的减震问题。

首先以 TLCD-A 为例,进行频率特性验证试验,来校核 TLCD 的频率设计是否准确。TLCD-A 自由振动示意图如图 6.6(a)所示,初始位移分别为 20mm、25mm 和 35mm,在 TLCD-A 垂直段底部布设动水压力传感器来

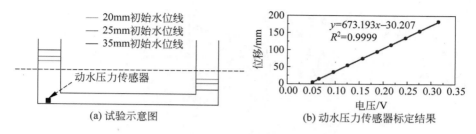

图 6.6   TLCD-A 频率特性试验结果

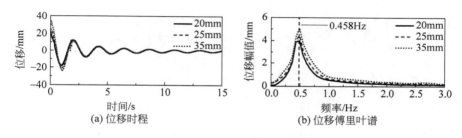

图 6.7   TLCD-A 自由振动试验结果

测量试验过程中液体的位移。图 6.6(b)标定出了动水压力传感器测量电压与液体实际位移之间的关系,其中纵坐标位移已经扣除了 TLCD 液体完全静止时的垂直段液体深度;结果表明通过测量动水压力传感器电压变化来反映液体位移具有较高的精度。图 6.7 给出了三组试验下液体的位移响应时程及傅里叶谱。从图 6.7(b)中可以看出,三组试验下 TLCD-A 的自振频率都为 0.458Hz,与设计值 0.459Hz 十分吻合。同时,在不同初始位移下,随着初始位移的增大,TLCD-A 的阻尼效应随之增强,表现出 TLCD 的阻尼非线性特性。

6.5.2   试验结果及分析

假定九层 Benchmark 钢结构置于刚性地基上,不考虑 SSI 效应。九层 Benchmark 钢结构作为数值子结构,采用 Gui-λ($\lambda=4$)子算法,$\Delta t=1/2048$s 进行求解,而 TLCD 模型作为物理子结构。对于无 TLCD 控制工况,同样采用数值解 Gui-λ($\lambda=4$)子算法在 $\Delta t=1/2048$s 下进行求解。

图 6.8 分别给出了方案 1(TLCD-A)在 Kobe、El Centro 和 Taft 地震动作用下结构顶层的位移和加速度响应时程,图 6.9 给出了相应的傅里叶谱。从图 6.8 中可以看出,相比于无控情况,方案 1 中 TLCD-A 控制下的

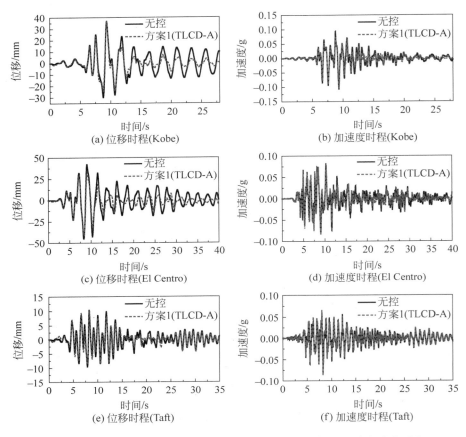

图 6.8   方案 1(TLCD-A)控制下的 Benchmark 钢结构顶层动力响应时程

结构响应在 Kobe 和 El Centro 地震动作用时显著减小，而在 Taft 地震动作用时略有减小。从图 6.9 的傅里叶谱图可知，在 TLCD-A 作用下，对于 Kobe 和 El Centro 地震动，结构一阶振型响应幅值得到明显的抑制，而二阶响应和无控时的二阶响应基本一致；在 Taft 地震动作用下，由于结构的位移和加速度都以二阶响应为主，结构响应幅值明显小于前两组地震动下的响应幅值，TLCD 起到的减震作用有限。同时，由于三组地震动下加速度响应都以高阶响应为主，因此位移的减震效果比加速度减震效果好。

    表 6.3 和表 6.4 分别给出了结构位移和加速度的峰值与 RMS 响应的减小比例。从表 6.3 中可以看出，TLCD 对于峰值响应的减震效果不太明显，这是由于结构峰值响应出现较早，TLCD 液体还未充分运动。从表 6.4

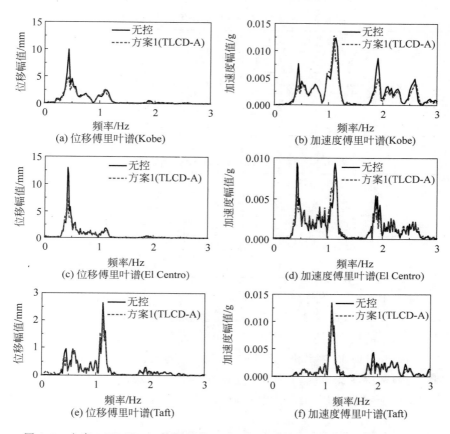

图 6.9　方案 1(TLCD-A)控制下的 Benchmark 钢结构顶层动力响应傅里叶谱

中可以看出,对于方案 1 的 TLCD-A 控制,RMS 位移在 Kobe、El Centro 和 Taft 地震动作用下分别降低了 26.69%、31.86%和 12.16%;RMS 加速度分别降低了 13.36%、21.28%和 17.28%,表明 TLCD 能够有效地消耗结构能量。在图 6.9(e)～(f)中,Taft 地震动作用下结构以二阶响应为主,采用 STLCD 控制单一振型响应的方案 1 减震效果明显小于其他两组地震动;同时图 6.9(b)和图 6.9(d)的 Kobe 和 El Centro 地震动作用下的加速度二阶响应也比较显著,方案 1 的加速度减震效果也低于相应位移的减震效果。这一结果说明了采用 MTLCD 控制多阶振型响应的必要性。

　　下面对几个关键影响因素进行分析。由于质量比和结构阻尼比对 TLCD 减震效果的影响在以往的数值和试验研究中都进行过细致的讨论,在此不再考虑。

表 6.3　方案 1(TLCD-A)的峰值响应减震效果

地震动	峰值位移/mm		R_d/%	峰值加速度/g		R_a/%
	无控	方案 1		无控	方案 1	
Kobe	36.558	37.168	−4.34	−0.1075	−0.1013	5.77
El Centro	−45.153	−41.130	8.91	−0.0832	−0.0855	−2.76
Taft	10.379	10.243	1.31	−0.0841	−0.0880	−4.64

表 6.4　方案 1(TLCD-A)的 RMS 响应减震效果

地震动	RMS 位移/mm		R_d/%	RMS 加速度/g		R_a/%
	无控	方案 1		无控	方案 1	
Kobe	10.165	7.452	26.69	0.0222	0.0190	13.36
El Centro	12.606	8.580	31.86	0.0188	0.0148	21.28
Taft	2.975	2.614	12.16	0.0162	0.0132	17.28

　　图 6.10 给出了结构刚度变化 $\kappa_s = \pm 20\%$ 时方案 1 的减震比例结果。从图中可以看出,在 Kobe 和 El Centro 地震动作用下,减震比例随着结构刚度变化率的增大而增大,而在 Taft 地震动作用下,减震比例在 $\kappa_s = 0$(即结构频率和 TLCD 频率相同)时最大。这一结果表明,TLCD 的减震效果和结构频率特性及地震动频率特性密切相关,在设计 TLCD 时,依然应当将 TLCD 频率设计成和结构频率调谐的状态,以保证减震效果。

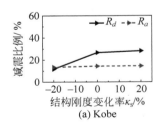
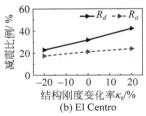
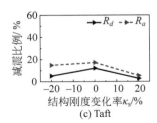

图 6.10　结构刚度变化率对方案 1(TLCD-A)减震效率的影响

　　图 6.11 给出了方案 1 在不同 PGA 下的减震效果对比,选取了 PGA 分别为 0.02g、0.05g、0.10g 和 0.2g 进行了 RTHS 试验。从图中可以看出,对于 Kobe 和 El Centro 地震动作用,RMS 位移和加速度的减震比例随着 PGA 的增加而先增加后减小,在 PGA=0.05g 时达到峰值,这一现象和 5.4.4 节中的 PGA 参数研究结论相同。当 PGA 增大时,结构和 TLCD 液

体的响应都增大,因此 TLCD 垂直段液柱会出现类似 TLD 的运动形态,由于该部分液体运动的频率并不和结构频率调谐,因此导致部分水体不能充分参与到结构耗能中,最终导致减震比例下降。对于 Taft 地震动,由于结构以二阶响应为主,位移和加速度响应幅值都较低,因此随着 PGA 的增大,虽然位移和加速度响应都增大,但是仍在一个小的范围内,因此 TLCD 的减震效果随着 PGA 增大而增大。图中的曲线变化也表明 TLCD 的液体阻尼随着PGA 的增大而呈现非线性变化,表现出了 TLCD 的非线性特性。

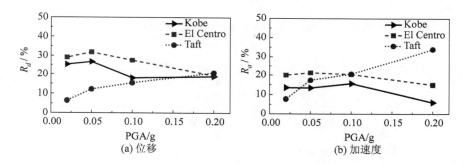

图 6.11　方案 1(TLCD-A)在不同 PGA 下的减震效果对比

6.6　MTLCD 控制的 RTHS 试验

上述试验结果已经证明 STLCD 不能较好地抑制结构的二阶响应。因此,下面重点研究 MTLCD 控制单阶和多阶振型响应问题。

6.6.1　MTLCD 控制一阶振型响应

首先,根据表 6.2 中的方案 2 进行 MTLCD 控制一阶振型响应的试验研究。方案 2 由 TLCD-A,B,C 组成,频率分别为 0.459Hz,0.309Hz,0.609Hz,中心频率 $f_0 = 0.459$Hz,频率间隔为 $\Delta f = 0.15$Hz。采用双振动台试验,其中 TLCD-A 置于振动台♯1 上,TLCD-B 和 TLCD-C 置于振动台♯2 上,如图 6.12 所示。TLCD-B 和 TLCD-C 的质量比均为 0.73%;对于 TLCD-A,由于质量比为 2.2%,根据 6.3 节足尺 TLCD 试验的设计思路及 5.4.1 节中反馈力比例系数法,将 TLCD-A 的反馈力乘以 1/3,可获得相当于质量比为 0.73% 的反馈力。最终,方案 2 的总质量比为 2.2%,与方案 1 相同。

图 6.13 给出了方案 2 的 Benchmark 钢结构顶层的频域响应结果,为

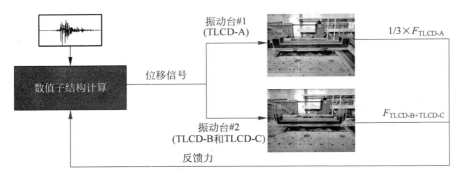

图 6.12   基于双振动台的 RTHS-MTLCD 试验示意图

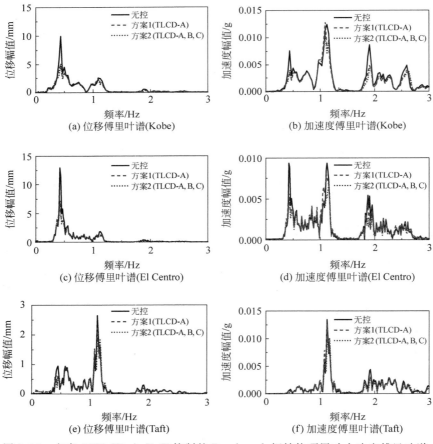

图 6.13   方案 2(TLCD-A,B,C)控制的 Benchmark 钢结构顶层动力响应傅里叶谱

了比较 MTLCD 和 STLCD 的减震效果,方案 1 中的动力响应结果也一并给出。从图中可以看出,方案 2 的位移和加速度傅里叶谱幅值小于方案 1 对应值,表明在相同质量比下,MTLCD 的控制效果优于 STLCD。

图 6.14 给出了 MTLCD 和 STLCD 控制一阶振型的减震效果的比较,同时考虑了结构刚度变化率 $\kappa_s=\pm20\%$ 的影响。在三组地震动作用下,无论结构刚度变化率增加还是降低,方案 2 的 RMS 位移和加速度的减震比例都大于方案 1,这一结果表明对于多自由度结构,MTLCD 比 STLCD 的控制性能更优。

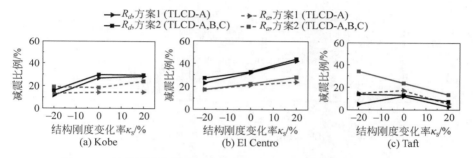

图 6.14　结构刚度变化率对方案 2(TLCD-A,B,C)减震效率的影响

6.6.2　MTLCD 控制多阶振型响应

本节重点考虑采用 MTLCD 进行多阶振型响应控制。为了对结构的二阶自振频率进行调谐,设计了 TLCD-D,其频率为 1.188Hz,质量比为 0.367%;将 1/2 个 TLCD-A(TLCD-A 的反馈力乘以 1/2)和 3 个 TLCD-D (TLCD-D 的反馈力乘以 3)组成方案 3,质量比仍为 2.2%。此外,为了研究控制一阶振型响应的 TLCD 质量比在 MTLCD 系统的重要程度,另设计了方案 4 和方案 5:

方案 4:3/2 个 TLCD-A,质量比为 3.3%,单阶振型响应控制;

方案 5:1 个 TLCD-A 和 3 个 TLCD-D,质量比为 3.3%,多阶振型响应控制。

在进行 MTLCD 试验时,和 6.6.1 节类似,采用双振动台进行加载。图 6.15 给出了方案 1,方案 3,方案 4 和方案 5 时 Benchmark 钢结构顶层的位移和加速度响应傅里叶谱的比较。三组地震动作用下,四组方案的结构响应规律基本一致。具体来说,相比于方案 1,方案 3 由于 TLCD-A 质量比的减少和 TLCD-D 质量比的增加,MTLCD 系统对一阶振型响应的控制

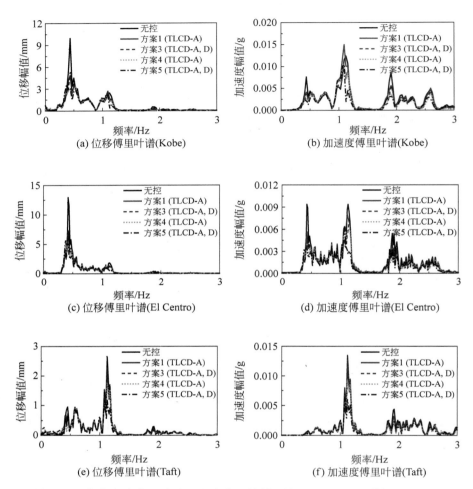

图 6.15   方案 1,方案 3,方案 4 和方案 5 控制下的 Benchmark 钢结构顶层动力
响应傅里叶谱比较

减弱而对二阶振型响应的控制增强。方案 4 的 STLCD 系统中 TLCD-A
的质量比提高至 3.3%,其动力响应在一阶频率附近的傅里叶谱幅值相比
于方案 1 有明显降低。方案 5 在方案 4 基础上增加了 TLCD-D,此时二阶
频率处的傅里叶谱幅值迅速降低,动力响应得到明显抑制。

图 6.16 和图 6.17 分别给出了 4 个方案的 RMS 位移和加速度的减震
效果对比,同时考虑结构刚度变化率 κ_s 的影响。从图中可以看出,RMS 位
移和 RMS 加速度的减震比例规律基本一致。方案 1 的减震比例在大部分

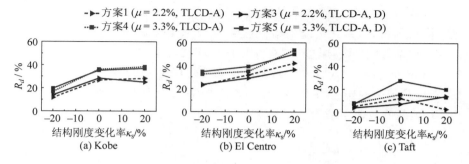

图 6.16　结构刚度变化率对方案 1,方案 3,方案 4 和方案 5 的 RMS 位移的减震效率影响

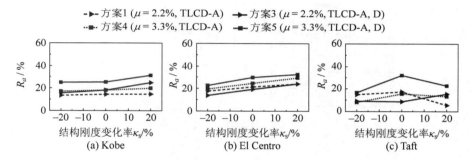

图 6.17　结构刚度变化率对方案 1,方案 3,方案 4 和方案 5 的 RMS 加速度的减震效率影响

情况下高于方案 3,表明在质量比较小的情况下,TLCD 的质量应尽量集中在控制一阶振型响应上。当质量比提高至 3.3% 时,相比于方案 1 和方案 3,方案 4 中各情况下的 RMS 位移减震比例都有了显著提高,但由于加速度以高阶响应为主,RMS 加速度的减震比例提高并不明显。方案 5 将方案 4 中部分质量比分配给 TLCD-D 进行二阶振型响应控制,此时 RMS 位移和加速度减震比例都明显增加,表明二阶振型响应控制起到了明显的效果。

从 4 个方案的减震效果看,采用 MTLCD 进行多阶控制时,应当保证足够的控制一阶振型响应的 TLCD 质量比,以便充分发挥 MTLCD 的控制作用。

6.7　考虑结构-地基相互作用的 RTHS-TLCD 试验

6.7.1　试验框架

上述 TLCD 试验针对的是固定在刚性地基上的结构。本节重点研究了 SSI 对 TLCD 减震性能的影响。基于 RTHS 的考虑 SSI 的 TLCD 减震试验框架如图 6.18 所示。地基模拟范围为 $224\mathrm{m}\times152\mathrm{m}$,采用四节点单元进行网格划分,最终 FE 地基总节点数为 580,单元数为 532,自由度数为 1160。地基假定为各向同性的线弹性材料,密度 $\rho_s=2000\mathrm{kg/m^3}$,弹性模量 $E=800\mathrm{MPa}$,泊松比 $\nu=0.2$。地基阻尼采用阻尼比为 5% 的 Rayleigh 阻尼模型。FE 地基的比尺与 Benchmark 钢结构的比尺保持一致,最终获得结构-FE 地基的数值子结构各项参数。

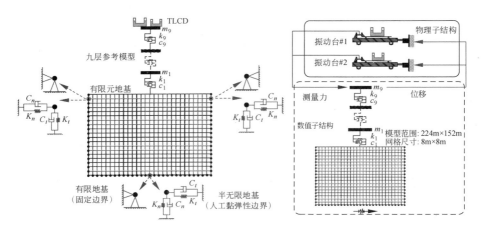

图 6.18　考虑 SSI 的 RTHS-TLCD 试验框架

关于地基边界条件,考虑了两种情况:一是采用截断地基固定边界来模拟有限地基;二是采用人工黏弹性边界来模拟半无限地基,用来对比分析辐射阻尼效应的影响;对于人工黏弹性边界,可通过在截断地基边界节点处设置弹簧和阻尼单元来实现,这一方法目前已经受到了学术界的认可,具体实现过程见文献[176]和文献[177]。

在 RTHS 试验中,将 FE 地基和九层 Benchmark 钢结构作为数值子结构进行数值计算,总自由度数为 1169;将 TLCD 作为物理子结构进行振动台加载。由于数值子结构自由度数较大,采用第 2 章中的双目标机 RTHS 系统进行试验,数值子结构采用 Gui-λ ($\lambda=4$)子算法求解,计算时步为 $\Delta t=40/2048\mathrm{s}$,信号生成子时步为 $\delta t=1/2048\mathrm{s}$。对于无 TLCD 控制的结构响应,采用相同的算法及计算时步进行纯数值求解。

由于 SSI 效应对结构动力特性的影响,TLCD 的调谐特性可能会变化,TLCD 的频率特性需要重新校核。自振特性分析表明,考虑 FE 地基时,结构-地基系统的前二阶自振频率分别变为 0.440Hz 和 1.065Hz,相比纯九层 Benchmark 钢结构的前两阶自振频率(0.449Hz 和 1.178Hz),相对误差分别为 2.00% 和 9.59%。由于二阶自振频率误差较大,TLCD-D 的减震作用不能保证,因此,设计了一个和 TLCD-D 相似的 TLCD-E,频率为 1.063Hz,质量比仍为 0.367%。基于此,设计了方案 6(1 个 TLCD-A 和 3 个 TLCD-E)进行对比试验,TLCD 总质量比仍和方案 5 相同,为 3.3%。

6.7.2　考虑有限地基 SSI 效应

首先进行考虑有限地基 SSI 效应的 TLCD 试验。图 6.19 给出了方案 1 和无 TLCD 控制时的结构顶层动力响应结果。和图 6.8 中无 SSI 效应的结构响应时程相比,考虑 SSI 效应时有无 TLCD 控制的动力响应均变小,

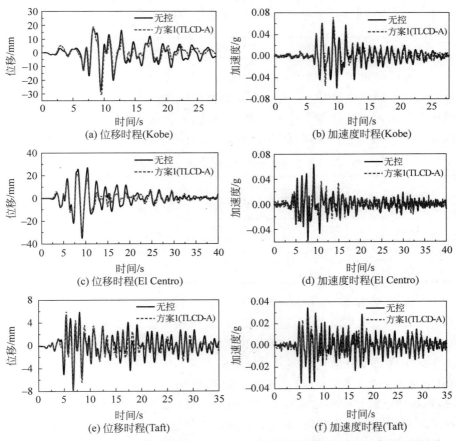

图 6.19　考虑有限地基 SSI 效应的 Benchmark 钢结构顶层动力响应时程(方案 1)

同时有 TLCD 控制的响应时程也更接近无 TLCD 控制时的响应时程,表明 TLCD 的减震性能变差。

表 6.5 给出了有无 SSI 效应的方案 1 减震效果对比。从表中可以看出,考虑 SSI 效应后,RMS 位移和加速度减震比例迅速降低,其中以 Kobe 和 El Centro 地震作用下的降低程度最大。其原因可以解释如下:地基的结构阻尼效应使得整个结构系统的固有阻尼效应增大,导致结构本身的响应降低,TLCD 无法充分运动,从而使得 TLCD 的耗能效应减弱。

表 6.5   考虑有限地基 SSI 效应的方案 1 减震效果

地震动	$R_d/\%$		$R_a/\%$	
	无 SSI	考虑 SSI	无 SSI	考虑 SSI
Kobe	26.69	10.46	13.36	7.79
El Centro	31.86	18.59	21.28	12.90
Taft	12.16	12.10	17.28	13.19

表 6.6 给出了方案 2(TLCD-A,B,C)时有无考虑 SSI 效应的 RMS 位移和加速度减震效果对比。和方案 1 时类似,考虑 SSI 效应后,方案 2 的减震比例都比无 SSI 条件下明显降低。因此,不管是 MTLCD 还是 STLCD 控制,SSI 效应都会严重降低 TLCD 的减震效果。

表 6.6   考虑有限地基 SSI 效应的方案 2 减震效果

地震动	$R_d/\%$		$R_a/\%$	
	无 SSI	考虑 SSI	无 SSI	考虑 SSI
Kobe	29.71	14.57	22.34	20.78
El Centro	32.61	15.62	18.47	19.35
Taft	8.89	10.05	11.73	14.29

下面采用方案 5(1 个 TLCD-A 和 3 个 TLCD-D)和方案 6(1 个 TLCD-A 和 3 个 TLCD-E)进行 TLCD 多阶振型控制的 RTHS 试验。表 6.7 给出了方案 5 和方案 6 的减震比例结果。从表中可以看出,对于方案 5 和方案 6,考虑 SSI 效应的减震比例皆低于无 SSI 效应时的减震比例;考虑 SSI 效应时,对于方案 6,在对控制二阶振型响应的 TLCD 进行重新调谐后,其各项减震比例相比方案 5 有了明显提高。这一现象表明:当考虑 SSI 对 TLCD 减震性能影响时,TLCD 的频率应当根据调谐结构-地基系统的自振频率来设计,从而保证 TLCD 能够充分发挥减震作用。

表 6.7　考虑有限地基 SSI 效应的方案 5 和方案 6 减震效果

地震动	$R_d/\%$			$R_a/\%$		
	方案 5		方案 6	方案 5		方案 6
	无 SSI	考虑 SSI	考虑 SSI	无 SSI	考虑 SSI	考虑 SSI
Kobe	35.20	17.30	19.80	25.23	24.03	28.57
El Centro	39.13	20.16	23.60	29.79	23.38	24.19
Taft	27.42	11.34	15.34	32.10	19.78	23.08

6.7.3　考虑半无限地基 SSI 效应

6.7.2 节的试验中假定九层 Benchmark 钢结构固支在有限地基上,地基边界采用固定边界,但是固定边界的设置并不能准确地反映半无限地基的边界效应。本节采用设置在截断地基的人工黏弹性边界来模拟半无限地基辐射阻尼效应,以方案 1 为例进行相应的 RTHS 试验,来比较地基辐射阻尼对 TLCD 减震性能的影响。值得说明的是,采用数值的人工黏弹性边界来模拟半无限地基进行动力试验也是 RTHS 优势的体现。

图 6.20 给出了考虑半无限地基情况下方案 1 的结构动力响应结果,并和有限地基和半无限地基无 TLCD 控制时的相应结果进行对比。从图中看出,当没有 TLCD 控制时,由于半无限地基的辐射阻尼效应,结构的位移和加速度响应都明显小于有限地基时的结果。而当考虑方案 1 进行 TLCD 控制时,半无限地基条件下的结构动力响应比无控时并未出现明显减小,在某些工况下反而出现响应增大的现象。

表 6.8 比较了方案 1 在有限地基和半无限地基条件下的 TLCD 减震效果。半无限地基条件下的 TLCD 减震比例在三组地震动下都小于有限地基条件下的 TLCD 减震比例,而且还出现了减震比例为负数的情况。结果表明由于无限地基辐射阻尼效应的影响,可能会导致 TLCD 失效。

表 6.8　考虑半无限地基 SSI 效应的方案 1 减震效果

地震动	$R_d/\%$		$R_a/\%$	
	有限地基	半无限地基	有限地基	半无限地基
Kobe	10.46	−6.79	7.79	8.13
El Centro	18.59	−3.72	12.90	9.18
Taft	12.10	4.17	13.19	11.39

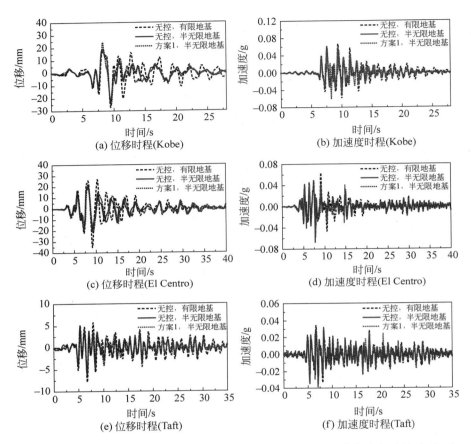

图 6.20 考虑半无限地基 SSI 效应的 Benchmark 钢结构顶层动力响应时程(方案 1)

综上,忽略 SSI 效应及地基辐射阻尼效应可能会高估 TLCD 的减震性能。在 TLCD 设计及应用时,当 SSI 效应不可忽略时,TLCD 的优化频率必须依据结构-地基系统而并非被控结构的动力特性进行设计。

6.8 本 章 小 结

本章提出了足尺 TLCD-结构-地基动力响应的试验方法,将 RTHS 技术应用到多自由度结构的 TLCD 单阶/多阶减震控制研究中。对于由多个几何尺寸及频率特性都相同的 TLCD 模型,仅需要制作其中一个 TLCD 单元模型进行试验。以一个具有实际工程意义的九层 Benchmark 钢结构作为研究对象,基于双振动进行了 STLCD 和 MTLCD 进行单阶和多阶振型控制的 RTHS 试验研究;最后以自由度为 1160 的地基 FE 模型及九层 Benchmark 钢结构为数值子结构,研究了 SSI 效应及地基辐射阻尼效应对 TLCD 减震性能的影响。得到了以下主要结论:

(1) 刚性地基中的试验研究表明,STLCD 能够有效地抑制结构的一阶振型,但对于某些特殊地震荷载,结构以高阶响应为主,STLCD 控制不能起到显著的效果。

(2) MTLCD 进行单阶振型响应控制的减震效果优于 STLCD,并且在结构刚度变化时也具备更优的减震效果。当采用 MTLCD 进行多阶振型控制时,在控制一阶振型的 TLCD 质量比得到保证的前提下,其减震效果明显好于单阶振型控制的减震效果。

(3) 当考虑弹性地基的 SSI 效应后,由于土-结构系统的动力特性发生变化,TLCD 需要依据结构-地基系统而非单纯结构本身的自振频率进行设计。

(4) SSI 效应使得 STLCD 和 MTLCD 的减震效果相比于刚性地基时的结果都有明显降低。当采用人工黏弹性边界来模拟地基辐射阻尼效应时,TLCD 的减震性能变差,甚至出现失效的情况。因此忽略 SSI 效应及地基辐射阻尼效应可能会高估 TLCD 的减震性能。

第7章　调谐液体阻尼器关键问题研究

7.1　引　　论

第5、6章讨论的 TLCD 是 TLD 的一种特殊形式。TLD[178,179] 一般为矩形或者圆形的盛水水箱,通过调节水箱沿激振方向的长度及水深来调节频率。在减震原理方面,TLD 主要通过液体对水箱侧壁面的作用力及水波破碎来实现;而 TLCD 主要依靠液体的惯性力及水头损失来实现。二者在安装方法、适用质量比及结构阻尼比等方面基本相同,但是由于水箱的几何形状及液体的运动形式不同,导致液体频率及阻尼特性有所差别。

对于 TLD 的研究,一般通过理论模型及简单的振动试验来进行。为了描述 TLD 的非线性动力行为,学者们先后提出了基于调谐质量阻尼器 TMD 的类比线性模型[180],线性水波理论[179],非线性刚度-阻尼(nonlinear stiffness-damping,NSD)理论模型[181] 等;但研究结果表明由于 TLD 液体强烈非线性,众多模型都存在诸多局限性,各自具有一定的适用范围。在 RTHS 技术日渐成熟后,学者们也充分利用 RTHS 在结构非线性行为研究方面的优势,进行了 TLD 试验研究[66,122-124],从而加深了对 TLD 的真实动力特性的认识。但是,关于 TLD 尺寸效应问题却鲜有提及,尺寸效应问题指的是在给定结构频率的条件下,如何选择 TLD 的尺寸来最大限度地提高减震效果,这实质上是 TLD 的优化问题。另外,在之前 TLD 和 TLCD 的研究中,一般将这两类阻尼器分开讨论,很少比较二者之间减震性能的差别。

桂耀[124] 和 Wang[125] 已经采用 RTHS 对 TLD 的减震性能进行了研究,同时评价了质量比等参数对减震效果的影响。本章在此工作基础上,对 TLD 的几个关键问题进行研究。以清华大学校内的典型建筑结构为研究对象,首先采用 RTHS 试验验证了应用广泛的 NSD 数值模型的精度,然后进行 TLD 尺寸效应和质量比尺效应影响的试验研究;最后通过 TLD 和 TLCD 的对比试验,分析二者的减震效果差别。

7.2　基于 RTHS 的 TLD 非线性刚度-阻尼模型验证

7.2.1　非线性刚度-阻尼模型

　　如图 7.1 所示,对于矩形的 TLD,通过设置沿激振方向的液体长度 L 及水深 h_0,可以得到不同液体晃动频率的 TLD 模型。TLD 的频率计算公式为[179]

$$f_L = \frac{1}{2\pi}\sqrt{\frac{\pi g}{L}\tanh\left(\frac{\pi h_0}{L}\right)} \tag{7-1}$$

为了描述 TLD 的非线性特性,诸多学者提出了很多数值模型。但由于缺乏实际试验进行对比,这些模型的精度及适用范围无法得到真正的检验。RTHS 作为一种新型的结构动力试验方法,能够对非线性的调谐类阻尼器进行试验,得到原型试验基本一致的结果,同时能够进行大比尺的试验。基于 RTHS 这一优势,本节采用 RTHS 试验方法来对已有的数值模型进行验证。

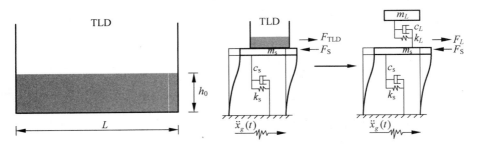

图 7.1　NSD 模型示意图

　　Yu[181] 提出的 NSD 模型能够反映 TLD 中液体在水波破碎时的动力行为,应用最为广泛。以一个单自由度结构-TLD 系统为例,NSD 模型的基本原理在于将 TLD 等效成一个刚度和阻尼都非线性的单自由度 TMD(图 7.1),因此等效系统的动力方程为

$$\begin{bmatrix} m_s & 0 \\ 0 & m_L \end{bmatrix}\begin{Bmatrix} \ddot{x}_s \\ \ddot{y}_L \end{Bmatrix} + \begin{bmatrix} c_s + c_L & -c_L \\ -c_L & c_L \end{bmatrix}\begin{Bmatrix} \dot{x}_s \\ \dot{y}_L \end{Bmatrix} + \begin{bmatrix} k_s + k_L & -k_L \\ -k_L & k_L \end{bmatrix}\begin{Bmatrix} x_s \\ y_L \end{Bmatrix} = -\begin{Bmatrix} m_s \\ m_L \end{Bmatrix}\ddot{x}_g \tag{7-2}$$

其中,m_L、k_L 和 c_L 分别为等效 TMD 的质量、刚度和阻尼。为了模拟液体的

非线性,将 k_L 和 c_L 假定为一个和水波波高、液体长度、激励幅值及 TLD 几何尺寸等相关的函数,需要在每一个积分时步内更新。Yu[181] 通过一系列 TLD 振动试验来获得与 k_L 和 c_L 相关的参数。对于等效 TMD 的阻尼比 ζ_L,可以采用如下经验公式计算:

$$\zeta_L = 0.5\Lambda^{0.35} \tag{7-3}$$

其中,Λ 为无量纲参数,采用如下公式进行计算:

$$\Lambda = \frac{A_e}{L} \tag{7-4}$$

其中,A_e 为结构响应峰值。A_e 的取值方法如图 7.2 所示,对于第 i 个半循环计算:若当前结构位移尚未穿越零点,A_e 取第 $i-1$ 个半循环中两个零点之间的结构位移峰值 $x_{L,i-1}^{max}$ 的绝对值。等效刚度 k_L 定义为液体弹性刚度 K_L 和刚度硬化率 κ 的乘积。K_L 和 κ 的计算公式为

$$K_L = m_L(2\pi f_L)^2 \tag{7-5}$$

$$\kappa = \begin{cases} 1.075\Lambda^{0.007} & \Lambda \leqslant 0.03,弱水波破碎 \\ 2.520\Lambda^{0.250} & \Lambda > 0.03,强水波破碎 \end{cases} \tag{7-6}$$

基于公式(7-3)～公式(7-6),可以根据公式(7-2)进行结构-TLD 系统的动力分析。

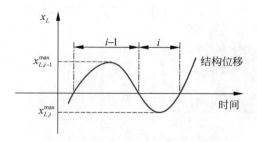

图 7.2　A_e 取值示意图

7.2.2　RTHS 试验验证

对于 TLD 的 RTHS 试验研究,试验原理和 TLCD 试验基本相同,区别仅在于将 TLCD 模型换成 TLD 模型。以桂耀[124] 采用的清华大学的一座五层钢筋混凝土结构作为被控结构,相关参数由 Lu[182] 采用 HAZUS 程序提供。结构参数见表 7.1,该结构基频为 $1.53\,\mathrm{Hz}$,阻尼比为 5%。为了满足 RTHS 的振动台承载能力,质量比尺 C_m 取 8.068×10^4。

表 7.1　　五层钢筋混凝土结构参数

结构	层间质量/kg	层间刚度/(N/m)	基频/Hz
原型	1.484×10^6	1.686×10^9	1.53
RTHS 数值子结构	18.4	2.090×10^4	

根据上述数值子结构的参数,设计了如表 7.2 所示的 TLD-1 进行试验,TLD 的自振频率亦为 1.53Hz,质量比为 1.5%。图 7.3 给出了 TLD-1 的模型照片。仍然以 Kobe、El Centro 和 Taft 三条地震动作为激励荷载,考虑了 PGA 分别为 0.05g、0.10g 和 0.20g 三种情况。对于 NSD 模型的数值求解及 RTHS 的数值子结构求解,都采用 Gui-λ(λ=11.5)子算法,计算时步 Δt=1/2048s。在以下的分析中,以 RTHS 试验得到的结果作为参考解。

表 7.2　　TLD-1 几何尺寸参数

编号	L/m	h_0/m	B/m	f_L/Hz	TLD 单元数	h_0/L
TLD-1	0.15	0.023	0.400	1.53	1	0.135

图 7.3　　TLD-1 模型照片

对于 PGA=0.10g,图 7.4 给出了结构顶部在三组地震动作用下的位移和加速度响应时程对比。从图中可以看出,采用 NSD 模型进行数值求解得到的位移、加速度响应结果和 RTHS 的位移、加速度响应结果十分吻合;前者在各个工况下仅有微小的幅值放大现象。

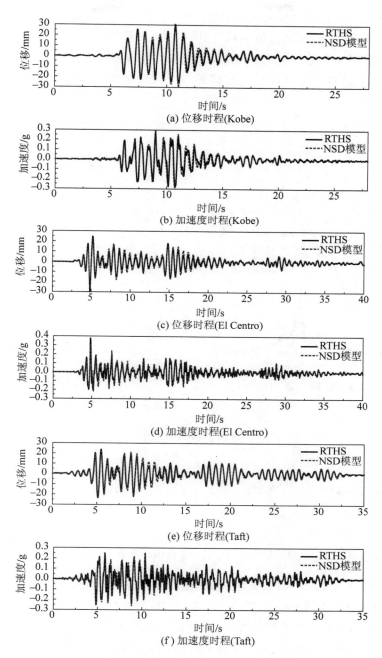

图 7.4　五层混凝土结构顶部位移加速度响应时程对比（PGA＝0.1g）

　　图 7.5 给出了相应的傅里叶谱对比,基于 NSD 模型的结果在频率上和 RTHS 结果吻合,仅在幅值上相对 RTHS 结果有所增大。这一结果表明在 NSD 模型中,非线性刚度的经验公式能够比较准确地模拟液体的非线性刚度变化;非线性阻尼比的经验公式具有一定的精度,但低估了液体的阻尼效应。

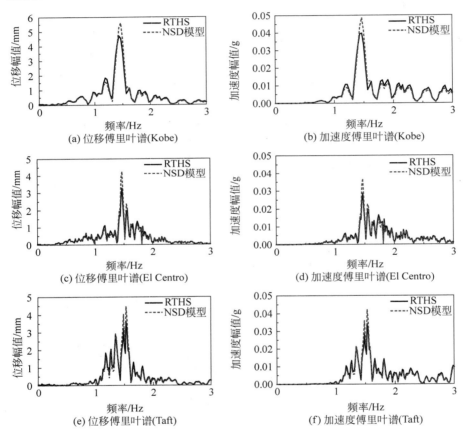

图 7.5 　五层混凝土结构顶部位移加速度响应傅里叶谱对比(PGA=0.1g)

　　图 7.6 给出了 NSD 模型中液体刚度硬化率 κ 和液体阻尼比 ζ_L 随时间的变化曲线。从图中可以看出,TLD 的刚度和阻尼在整个加载过程中变化十分剧烈,表现出强烈的非线性;同时也可以看出 TLD 的阻尼效应十分显著。在三组地震动作用下,在结构响应剧烈阶段,κ 和 ζ_L 的值都显著增大;而在结构响应的末段,随着结构的响应趋近于静止状态,TLD 的刚度硬化

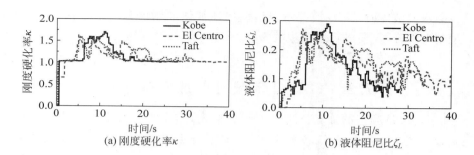

图 7.6　NSD 模型的液体刚度硬化率和阻尼比变化曲线（前附彩图）

率也逐渐平稳,阻尼比也逐渐减小。

图 7.7 给出了 PGA＝0.05g、0.10g 和 0.20g 时 NSD 模型和 RTHS 结果的相对误差。从图中可以看出,位移和加速度的相对误差都随着 PGA 的增大而增大,Taft 地震动作用下的相对误差在不同 PGA 时均为最小;在 PGA＜0.10g 时,不同地震作用下的位移和加速度的相对误差基本都低于 10％,表明 NSD 模型精度较高;但当 PGA＝0.2g 时,相对误差迅速提高,甚至超过 20％。对于这一结果,可以解释如下:由于随着 PGA 的增大,水体运动加剧,水波破碎现象变得更加严重,极强的水波破碎使得 TLD 液体无法持续进行频率调谐,从而导致 NSD 模型的精度下降。

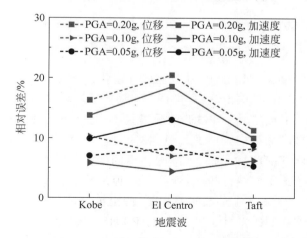

图 7.7　不同 PGA 下 NSD 模型和 RTHS 结果的位移和加速度相对误差

综上,NSD 模型在 PGA 较小时可以比较精确地描述 TLD 的液体运动,能够反映弱水波-强水波破碎的液体运动效应;但是当 PGA 较大,发生极强水波破碎时,NSD 模型不能精确描述液体的刚度和阻尼特性,使得模型精度下降,需要进行进一步的修正。

7.3　TLD 几何尺寸效应影响研究

从 TLD 频率的计算公式(7-1)可以看出,f_L 是液体长度 L 和水深 h_0 的函数。图 7.8 给出了 TLD 频率 f_L,液体长度 L 和水深 h_0 三者之间的关系曲线。在图 7.8(a)中,当 L 不变时,f_L 随着 h_0 的增大而增大;但是当 h_0 增大至某一值时,f_L 不再变化。在图 7.8(b)中,当 h_0 固定时,f_L 与 L 成反比。因此,对于一个给定的频率,可以设计出不同尺寸的 TLD。在实际工程的 TLD 设计中,如何获得减震性能最优的 TLD 就变得十分重要,这即为 TLD 尺寸效应问题的来源。

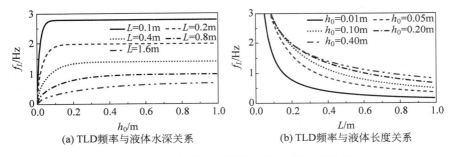

(a) TLD频率与液体水深关系　　　　(b) TLD频率与液体长度关系

图 7.8　TLD 自振频率和液体长度、水深之间的关系

Fujino[183] 曾对 TLD 的尺寸效应进行过试验研究。Fujino 分别对直径为 40mm 和 60mm 的圆形 TLD 进行了振动台试验,发现直径越大,TLD 能提供的附加阻尼也越大。该试验的前提是不同 TLD 的质量比和频率调谐比(即 TLD 频率和结构频率的比值)相同,但是 TLD 本身的频率不同,这就意味着不同 TLD 对应的被控结构是不同的。而在工程应用时,往往最关心的是对于给定的结构频率,选择哪一种尺寸的 TLD 所能提供的阻尼效应最显著。因此,本节的技术路线是:假定被控结构完全相同,设计尺寸不同但质量比相同的多组 TLD 来进行 RTHS 试验研究。

7.3.1　考虑几何尺寸效应的试验结果

选择 7.2 节的五层混凝土结构作为被控结构,结构参数及质量比尺也与 7.2 节完全相同。本节共设计了三组 TLD 模型进行试验对比研究,其参数如表 7.3 所示。TLD 编号分别为 TLD-2-1、TLD-2-2 和 TLD-2-3，其中 TLD-2-2 即为 7.2 节中的 TLD-1。三组 TLD 的质量比均为 1.5%，液体长度由 0.10m 递增至 0.20m。由于质量比尺较大，TLD 的体型都相对较小，模型照片如图 7.9 所示。

表 7.3　TLD 几何尺寸参数

编号	L/m	h_0/m	B/m	f_L/Hz	TLD 单元数	h_0/L
TLD-2-1	0.10	0.010	0.230	1.53	6	0.100
TLD-2-2	0.15	0.023	0.400	1.53	1	0.135
TLD-2-3	0.20	0.044	0.157	1.53	1	0.222

图 7.9　TLD-2-1 至 TLD-2-3 模型照片

图 7.10 和图 7.11 分别给出了三组 TLD 在三组地震动（PGA 都为 0.1g）作用下的结构顶层的时域和频域响应。三组 TLD 在不同地震荷载下都能够显著地减小结构顶层的位移和加速度响应。从图 7.10 可知，由于 El Centro 地震动作用下峰值响应出现较早，三组 TLD 对峰值响应的减弱都不够明显，而在 Kobe 和 Taft 地震动作用下则相反。从时程和傅里叶谱图都可以看出 TLD-2-1 对响应的削弱最为明显。

表 7.4 和表 7.5 给出了相应的 TLD 减震比例。在表 7.4 中，三组 TLD 在 Kobe 和 Taft 地震动作用下的峰值响应减震效果明显优于 El Centro 地震动作用下的减震效果，这是因为 El Centro 地震动作用下的结构响应峰值出现较早，TLD 尚未充分运动，阻尼效应不明显。在表 7.5 中，TLD-2-1，TLD-2-2 和 TLD-2-3 对 RMS 位移的减小比例在 Kobe 地震动

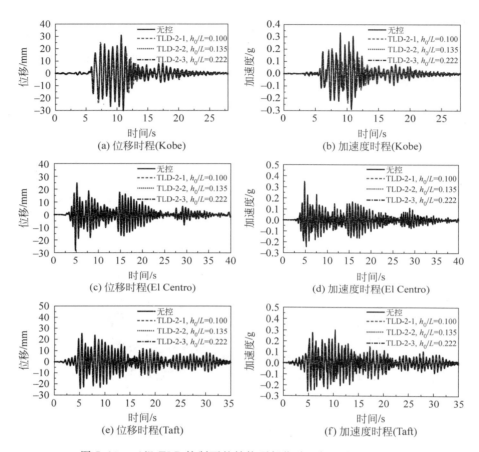

图 7.10　三组 TLD 控制下的结构顶部位移和加速度响应时程

作用下分别为 19.86％、20.85％ 和 19.78％；在 El Centro 地震动作用下分别为 32.26％、24.19％ 和 22.03％；在 Taft 地震动作用下分别为 32.57％、29.27％ 和 24.65％。三组 TLD 对 RMS 加速度的减小比例与 RMS 位移的减小比例规律相似。同时，El Centro 和 Taft 地震动作用下的 TLD 减震优于 Kobe 地震动作用下的减震效果；而且在三组 TLD 中，TLD-2-1 的减震比例最高。

　　为了进一步研究 TLD 尺寸效应，分别进行了三组 TLD 在 PGA=0.05g、0.10g 和 0.20g 的 RTHS 试验。图 7.12 和 图 7.13 分别给出了相应峰值和 RMS 响应的减震比例，其中横坐标为相对液体长度 h_0/L，$h_0/L=$ 0.100、0.135 和 0.222 分别对应 TLD-2-1、TLD-2-2 和 TLD-2-3（见表 7.3）。

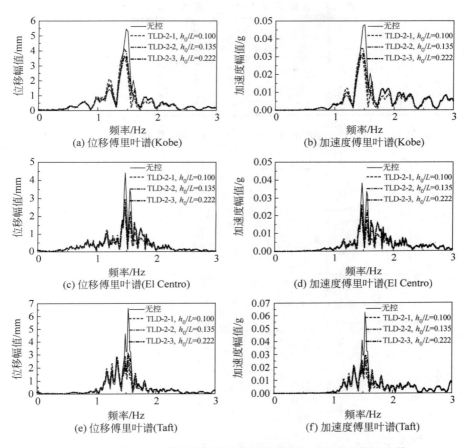

图 7.11　三组 TLD 控制下的结构顶部位移和加速度响应傅里叶谱

表 7.4　三组 TLD 的峰值响应减震效果对比

TLD 编号	$P_d/\%$			$P_a/\%$		
	Kobe	El Centro	Taft	Kobe	El Centro	Taft
TLD-2-1	18.61	14.58	17.92	32.25	20.03	25.73
TLD-2-2	18.13	−1.69	13.58	25.12	−5.51	22.33
TLD-2-3	23.14	−2.83	12.47	16.58	−4.43	19.37

表 7.5　三组 TLD 的 RMS 响应减震效果对比

TLD 编号	$R_d / \%$			$R_a / \%$		
	Kobe	El Centro	Taft	Kobe	El Centro	Taft
TLD-2-1	19.86	32.26	32.57	25.00	37.52	37.18
TLD-2-2	20.85	24.19	29.27	15.11	22.31	28.55
TLD-2-3	19.78	22.03	24.65	16.24	19.17	22.71

从图 7.12 中可以看出,对于相同 PGA 下的地震激励,减震比例随着

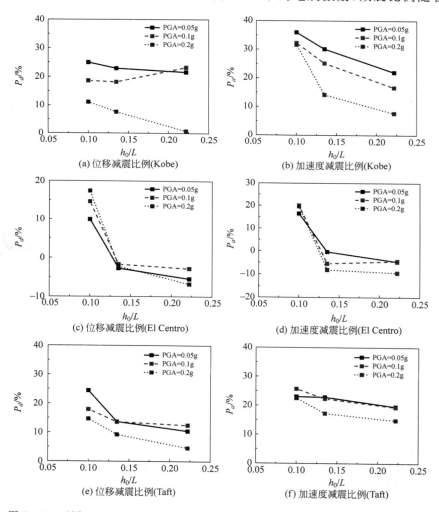

图 7.12　不同 PGA 下三组 TLD 控制的结构顶部峰值位移和加速度减震效果对比

h_0/L 的增大而降低,说明 h_0/L 较小时的 TLD-2-1 对于峰值响应的削弱明显优于 h_0/L 较大时的 TLD-2-2 和 TLD-2-3。对于某一特定的 TLD,峰值响应减震比例基本上随着 PGA 的增大而降低;此外,Kobe 和 Taft 地震动作用下的峰值响应减震比例明显优于 El Centro 地震动作用下的峰值响应减震比例。在图 7.12(b)中的 El Centro 地震动作用下,当 $h_0/L=0.100$ 时,减震比例随着 PGA 的增大而增大;同时 $h_0/L=0.100$ 的 TLD-2-1 减震比例远远高于其他两组 TLD。这一现象可以解释为:El Centro 地震动作用下峰值响应出现在地震初始阶段,h_0/L 较小的浅水 TLD 比 h_0/L 较大的深水 TLD 更容易启动,能够立即发挥减震效果,同时 PGA 的增大也有利于液体的加速启动。

在图 7.13 中的 RMS 响应结果中,对于某一特定的 TLD,减震比例随着 PGA 的增大而降低,PGA 为 0.05g 和 0.10g 时的减震比例比较接近,而当 PGA 增大至 0.20g 时,减震比例迅速降低。对于每一 PGA 值,减震比例随着 h_0/L 的增大而降低,表明 h_0/L 较小时的浅水 TLD 的减震效果优于 h_0/L 较大时的深水 TLD。这是因为对于某一特定的调谐频率,液体长度较大时,水深也相应较大,此时接近水箱底部的水体难以晃动,只能作为附加质量,导致 TLD 的有效质量比下降,减震效果降低。

因此在实际 TLD 应用时,可以优先考虑采用数量较多的小 TLD 的减震方案,不仅能够明显提升减震效果,同时能够改善 TLD 在地震初期减震效果不佳的现象。

7.3.2　考虑质量比尺的试验结果

上述 RTHS-TLD 试验都假定质量比尺确定。当质量比尺改变时,相同质量比下 TLD 的质量和体型也随之变化。在试验条件允许的范围内,采用较小质量比尺系数进行大体型的 TLD 试验,可以更加真实地反映 TLD 的运动形态。

本节研究质量比尺变化对 TLD 减震性能的影响。由于 7.3.1 节中结构的基频较高,决定了 TLD 的液体长度尺寸有限,所以另取桂耀[124]的七层钢结构作为研究对象,结构参数见表 7.6。考虑两组质量比尺:$C_m=1.497\times10^4$ 和 1.497×10^3,设计了两组 TLD:TLD-3-1 和 TLD-3-2,其几何尺寸参数如表 7.7 所示,TLD 水平段长度分别为 0.48m 和 1.08m,质量比均为 1.5%。模型的照片如图 7.14 所示。

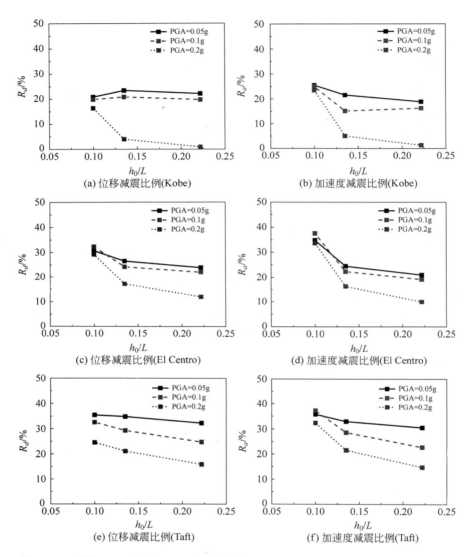

图 7.13　不同 PGA 下三组 TLD 控制的结构顶部 RMS 位移和加速度减震效果对比

表 7.6　七层钢结构参数

结构	层间质量/kg	层间刚度/(N/m)	质量比尺 C_m	基频/Hz
原型	1.400×10^6	4.130×10^8	—	
RTHS 数值子结构	93.5	2.759×10^4	1.497×10^4	0.57
RTHS 数值子结构	935.0	2.759×10^5	1.497×10^3	

表 7.7　TLD 几何尺寸参数

TLD 编号	L/m	h_0/m	B/m	f_L/Hz	TLD 单元数	h_0/L
TLD-3-1	0.48	0.031	0.66	0.57	1	0.065
TLD-3-2	1.08	0.168	0.54	0.57	1	0.156

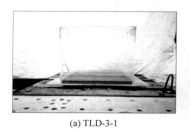 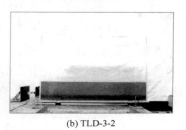

(a) TLD-3-1　　　　　　　　　　(b) TLD-3-2

图 7.14　TLD 模型照片

图 7.15 给出了 PGA＝0.10g 时三组地震动作用下结构顶层频域响应

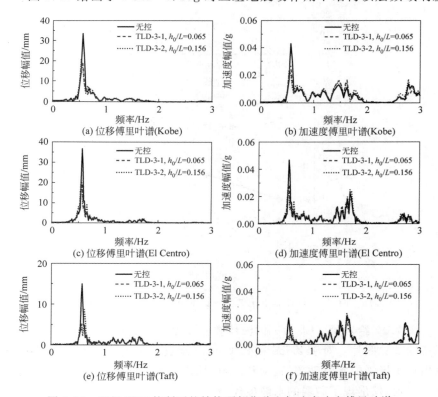

(a) 位移傅里叶谱(Kobe)　　　　　(b) 加速度傅里叶谱(Kobe)

(c) 位移傅里叶谱(El Centro)　　　(d) 加速度傅里叶谱(El Centro)

(e) 位移傅里叶谱(Taft)　　　　　(f) 加速度傅里叶谱(Taft)

图 7.15　两组 TLD 控制下的结构顶部位移和加速度响应傅里叶谱

结果。从图中可以看出,两组 TLD 对于抑制结构顶层的位移和加速度响应都有明显的效果,而且位移幅值的减小程度大于加速度幅值的减小程度。图 7.16 给出了减震比例对比结果。TLD-3-1 和 TLD-3-2 在 Kobe、El Centro 和 Taft 地震动作用下的 RMS 位移的减震比例分别为 30.69％、33.60％、42.7％和 26.52％、28.49％、29.37％；RMS 加速度的减震比例分别为 9.30％、15.59％、14.54％和 3.80％、6.09％、1.00％。结果表明 TLD-3-1 比 TLD-3-2 的减震效果好,这一结论和 7.3.1 节的结论相同,再一次证明了浅水 TLD 能获得更优的减震效果。由于实际工程中 TLD 的尺寸一般较大,常规振动台的 TLD 试验采用缩尺的 TLD 模型会高估 TLD 的减震效果。

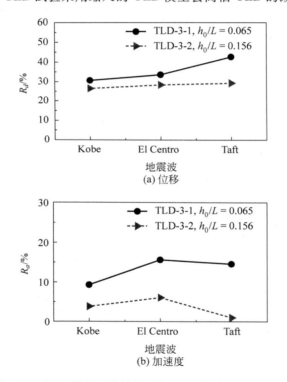

图 7.16　两组 TLD 控制下的结构顶部 RMS 位移和加速度减震效果

图 7.17 给出了 TLD-3-2 的液体在三组地震动加载过程中最剧烈运动形态的试验照片。对于 Kobe 和 El Centro 地震动作用,TLD-3-2 的液体运动出现了极强的水波破碎,而对于 Taft 地震动,TLD-3-2 液体的运动形态较为稳定,仅出现了微弱的水波破碎。

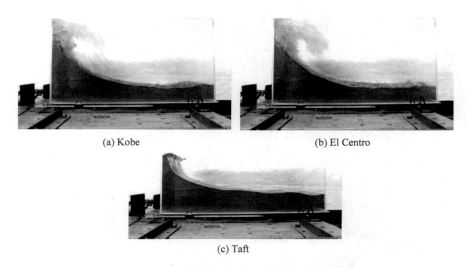

(a) Kobe　　　　　　　　(b) El Centro

(c) Taft

图 7.17　TLD 液体最剧烈运动形态(前附彩图)

7.4　TLD 与 TLCD 减震效果对比

7.4.1　试验模型

　　TLD 和 TLCD 作为调谐类的液体阻尼器,在适用范围及安装方式上有一定的相似性;但是由于对液体阻尼效应的利用方式不同,二者也存在一定的差异。本节仍以 7.2 节中的五层钢筋混凝土结构为研究对象。由于沿激振方向的液体长度及质量比对于 TLD 和 TLCD 的液体阻尼效应都有显著影响,因此为了使对比结果可靠,本节将设计 TLD 和 TLCD 的液体长度和质量比尽量相同。

7.4.2　试验结果

　　本节所采用的 TLD 为 7.2 节中的 TLD-2-3,而 TLCD 选择第 5 章中的 TLCD-A1,TLD 和 TLCD 的液体水平段长度分别为 0.20m 和 0.18m,二者基本相同;同时,TLD 和 TLCD 的质量比均调整至 1.5%。

　　分别对 PGA＝0.05g 和 0.10g 的三组地震动进行了 RTHS 试验,图 7.18 和图 7.19 给出了 PGA＝0.10g 时 TLD 和 TLCD 控制下的结构顶层位移和加速度频域响应结果的对比。从图 7.18 中可以看出,在三组地震

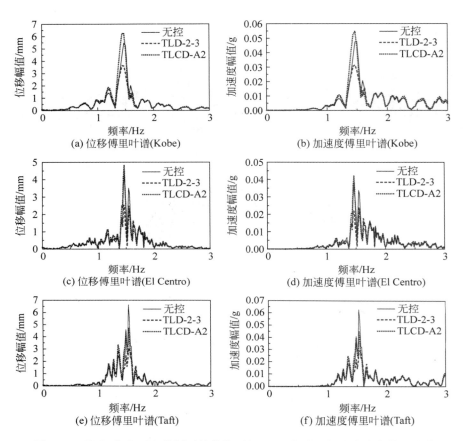

图 7.18 TLD 和 TLCD 控制下的结构顶部 RMS 位移和加速度响应傅里叶谱

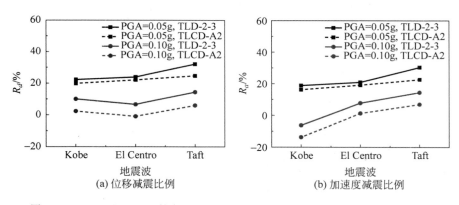

图 7.19 TLD 和 TLCD 控制下的结构顶部 RMS 位移和加速度减震效果对比

动作用下,TLD 的减震效果都优于 TLCD 的减震效果;在 Kobe 地震动作
用下,TLCD 控制时的频域响应幅值甚至超出了无控时的幅值,表明 TLCD
的阻尼效应有限,无法提高减震效果。

图 7.19 给出了 PGA=0.05g 和 0.10g 的减震比例对比结果。从图中
可以看出,在两组 PGA 下 TLD 对位移和加速度的减震比例都比 TLCD
高,表明在相同的质量比与液体长度下,使用 TLD 的减震效果可能更好。

7.5　本 章 小 结

本章采用 RTHS 对 TLD 设计时的关键问题进行了试验研究。首先将
RTHS 试验结果和广泛使用的描述 TLD 动力行为的 NSD 模型进行了对
比,验证 NSD 模型的精度;然后重点探讨 TLD 物理模型的尺寸效应问题,
对频率和质量比相同,但尺寸不同的 TLD 模型进行 RTHS 试验,并讨论了
质量比尺效应对减震效果的影响;最后比较了 TLD 和 TLCD 在减震性能
上的优劣。得到的主要结论如下:

(1) NSD 模型能够比较准确地描述结构-TLD 相互作用时液体发生
弱-强水波破碎时的动力特性;但是当地震荷载幅值较大,液体发生极强水
波破碎时,NSD 模型会有较大误差,需要加以修正。

(2) 相同质量比尺下的小体型 TLD 试验表明,尺寸效应是 TLD 的减
震效果的决定性因素之一。在相同频率和质量比的前提下,相对液体长度
h_0/L 较小的浅水 TLD 比 h_0/L 较大的深水 TLD 具有更优的减震效果,同
时前者能有效改善 TLD 在地震初始阶段减震效果不佳的状况,这对于
TLD 的设计优化具有一定的指导意义。

(3) 不同质量比尺的试验结果表明,质量比尺系数越大,TLD 模型缩
尺越严重,其减震效果更优,说明缩尺 TLD 模型试验可能会高估 TLD 的
减震效果。因此,应当尽量进行足尺 TLD 试验,以便准确评估实际 TLD
的真实工作性能。

(4) 在相同质量比和液体长度的条件下,TLD 的减震效果优于 TLCD。

第8章 结论与展望

本书围绕扩大 RTHS 的数值子结构计算规模开展了理论与试验研究。全书总体上可以分为双目标机 RTHS 系统的构建与验证,时滞稳定性和精度分析,以及试验应用三部分。第一部分在原有清华大学 RTHS 系统的基础上,提出了基于任务分解策略的双目标机 RTHS 系统,使得数值子结构计算规模提升了一个数量级,最大能够模拟约 1240 个自由度;同时提出了一种适用于大时步及较大时滞下的基于双显式算法的时滞补偿方法进行时滞补偿,提高试验精度。第二部分是基于离散根轨迹法的 MDOF-RTHS 系统时滞稳定性研究,以及不同算法在时滞 RTHS 系统中的时滞稳定性和精度比较。首先基于离散根轨迹理论构建了能够综合考虑结构参数、数值积分算法、计算时步、多源时滞和时滞补偿算法等因素的时滞稳定性分析模型,对 MDOF-RTHS 系统的时滞稳定性进行了理论分析;然后通过考虑有限元 FE 数值子结构及单源/多源时滞的 RTHS 试验对理论结果进行了验证;最后采用该模型比较了常用显式积分算法在时滞 RTHS 系统中的稳定性和精度变化特性。第三部分是基于新构建的 RTHS 系统,提出了足尺调谐液柱阻尼器 TLCD-结构-地基的试验方法,来研究 TLCD 的减震性能。首先以单自由度结构为例,验证了 RTHS 用于 TLCD 减震研究的精度,并研究了关键参数对 TLCD 减震性能的影响。然后充分发挥新 RTHS 系统能够进行大规模数值模拟和足尺试验的优势,重点研究了 MTLCD 控制九层 Benchmark 钢结构的单阶、多阶振型响应时的减震性能,并考虑了 SSI 以及辐射阻尼效应对 TLCD 动力特性的影响;最后以实际结构为研究对象,研究了 TLD 物理模型的几何尺寸效应和质量比尺效应对减震性能的影响,并比较了 TLD 和 TLCD 在减震效果上的优劣。

8.1 主要研究成果和结论

本书所取得的主要研究结果及结论如下:

(1) 双目标机 RTHS 系统的构建及在大规模数值子结构模拟中的试

验验证。采用任务分解策略对原 RTHS 系统进行了扩建,构建了基于双目标机的 RTHS 系统。任务分解策略即为:将计算任务拆分成响应分析任务(RAT)及信号生成任务(SGT)两部分,采用较大时步执行 RAT,而采用和振动台加载时步相同的小时步执行 SGT。RTHS 试验表明该系统能够求解自由度最大为 1240 的 FE 数值子结构模型,并具有较高的计算精度。

(2)基于双显式算法的时滞补偿法的应用。针对新系统中计算时步和系统总时滞都增大的情况,提出了 DEPM 进行时滞补偿。理论精度分析和数值验证算例都表明 DEPM 在归一化时间间隔 $\omega \Delta t$ 较小时与多项式补偿法、基于 Newmark 显式算法的位移预测法和线性加速度预测法的精度相当,但是前者在 $\omega \Delta t$ 较大时表现出优于后者的精度;并以一个三层单塔楼-FE 地基模型为例,验证了提出的时滞补偿算法在 RTHS 试验中的精度。

(3)考虑 FE 数值子结构的 MDOF-RTHS 系统时滞稳定性的分析及讨论。基于离散根轨迹法,提出了综合考虑数值算法、计算时步、多源时滞、时滞补偿算法的时滞稳定性分析模型,以两自由度结构为例进行了失稳机制分析和参数影响研究,并进行了考虑 FE 数值子结构和单源/多源时滞的 RTHS 稳定性验证试验。结果表明:时滞使得结构的高阶模态根轨迹发生畸变,穿出单位圆引起失稳,从系统阻尼变化角度表现为出现负阻尼效应,引起整体结构失稳;基于离散根轨迹法的临界失稳界限明显小于基于连续根轨迹法的临界失稳界限,表明数值积分算法会降低系统的稳定性;系统的临界失稳界限随着计算时步、时滞量的增大而降低,随着结构阻尼比的增大而增大;时滞补偿算法在结构阻尼比较小及时滞较大的情况下能够显著提高系统的临界失稳界限,但在某些情况下反而会降低系统的稳定性;单源时滞和多源时滞的 RTHS 稳定性验证试验表明时滞稳定性分析模型能够获得比较准确的临界失稳界限和失稳频率,并证明了时滞补偿算法可能会降低系统稳定性;由于试验中加速度量会先于位移量发生失稳,因此要对振动台加速度设置阈值。

(4)不同显式数值算法在时滞 RTHS 系统中的时滞稳定性和精度探讨。首先采用上述时滞稳定性分析模型对本身稳定性及数值阻尼特性不同的算法应用于 RTHS 系统时的稳定性进行了理论分析,然后基于 Simulink 数值模拟和根轨迹进行了精度分析,最后通过 RTHS 进行试验验证。得到的基本结论如下:无数值阻尼且稳定特性不同的显式算法应用于时滞 RTHS 系统中的临界失稳界限基本相同;数值阻尼有利于提高临界失稳界限；显式算法应用于时滞 RTHS 系统的精度与算法本身的精度相关，Gui-λ（λ=11.5）子算法的试验结果具有最高的精度。因此，在 RTHS 中，应当优先选择精度较高或者含有数值阻尼的显式算法。

（5）TLCD 在 SDOF 结构振动控制中的初探。首先构建了 TLCD 减震性能研究的 RTHS 试验框架，并对 RTHS 用于 SDOF 结构-TLCD 系统试验的时滞稳定性和精度进行了验证；然后发挥 RTHS 数值子结构参数任意可调的优势研究了关键设计参数对 TLCD 性能的影响。结果表明：SDOF 结构-TLCD 系统在纯时滞条件下的临界失稳界限较高，超出了 TLCD 的适用质量比，因此采用 RTHS 进行 TLCD 试验能够始终保持稳定；以常规振动台试验结果为参考，RTHS 试验比纯数值解具有更高的精度，仅对 TLCD 进行物理模型试验可以真实地反映 TLCD 非线性阻尼特性；TLCD 的减震效果随着质量比增加而先迅速增加，随后增速变缓，并随着结构阻尼比的增加而降低；且随着 PGA 的增大先增大后减小，当 PGA 较大时，TLCD 竖直段出现了强烈的水波破碎现象，使得 TLCD 频率失去调谐，从而使 TLCD 减震效果变差；TLCD 的减震效果和结构刚度及地震输入的频率特性密切相关；MTLCD 控制一阶振型响应的减震效果和 STLCD 相当，但是由于具有较大的频率带宽，可以提高控制的鲁棒性。

（6）考虑 SSI 效应的 TLCD 多阶振型减震控制 RTHS 试验研究。在单自由度结构-TLCD 系统试验的基础上，提出了足尺 TLCD-结构-地基系统的 RTHS 试验方法，对具有实际工程意义的九层 Benchmark 钢结构进行单阶和多阶振型减震控制研究。此外，通过对固定边界和人工黏弹性边界的 FE 地基和 Benchmark 钢结构进行数值模拟，讨论了 SSI 效应和地基辐射阻尼效应对 TLCD 减震性能的影响。研究表明：STLCD 能够有效抑制结构的一阶振型，但是若结构以高阶振型响应为主，STLCD 控制可能难以起到显著的控制效果，表明多阶振型控制的必要性；MTLCD 进行单阶振型响应控制的减震效果整体上优于 STLCD；当采用 MTLCD 进行多阶振型控制时，在控制一阶振型的 TLCD 质量比得到保证的前提下，MTLCD 多阶振型控制能获得比 STLCD 单阶振型控制更优的减震效果；SSI 效应使得 STLCD 和 MTLCD 的减震效果相比于刚性地基时的结果都有明显降低，TLCD 的设计需要依据结构-地基系统而非单纯结构本身的自振频率进行设计；当采用人工黏弹性边界来模拟半无限地基辐射阻尼效应时，TLCD 的减震性能变差，甚至出现失效的情况。

（7）调谐液体阻尼器 TLD 的关键问题研究。本书首先采用 RTHS 验证了模拟 TLD 动力行为的非线性刚度-阻尼模型(NSD)的精度,然后讨论了 TLD 模型优化设计中的关键问题——尺寸效应对减震性能的影响,并考虑了质量比尺(原型和模型之比)的因素,最后比较了 TLD 和 TLCD 在结构相同条件下的减震性能差别。研究表明:目前广泛使用的 NSD 模型能够比较准确地描述结构-TLD 相互作用时液体发生弱-强水波破碎时的动力特性,但是当地震荷载幅值较大时,液体易发生极强水波破碎,NSD 模型会有较大误差,需要加以修正;相同质量比尺下的小体型 TLD 试验表明,尺寸效应是 TLD 减震效果的决定性因素之一,在相同频率和质量比的前提下,相对液体长度 h_0/L 较小的浅水 TLD 比 h_0/L 较大的深水 TLD 的减震效果好,同时前者能有效改善 TLD 在地震初始阶段减震效果不佳的状况,这对于 TLD 的设计优化具有一定的指导意义;而当质量比尺变化时,质量比尺较大的小尺寸 TLD 模型可能会高估实际 TLD 系统的减震效果,证明了足尺 TLD 试验的重要性。此外,在被控结构、质量比和液体长度都相同的条件下,TLD 的减震效果普遍优于 TLCD。

8.2　研究展望

本书的研究工作及目前国内外关于 RTHS 的研究进展表明,RTHS 能够实现足尺及率相关效应的结构动力试验,具有广阔的应用前景。但是由于 RTHS 技术对于试验设备和数值模拟严格的“实时”要求,使得 RTHS 方法仍旧难以广泛应用于实际结构的抗震研究。本书工作只是 RTHS 数值子结构计算大规模化的初步探索,仍有很多地方值得继续完善。作者认为以下工作仍然需要进一步研究:

(1) 计算规模的进一步扩大化。RTHS 中数值子结构的计算规模一直是决定着 RTHS 技术由试验研究转向工程应用的关键因素。本书构建的双目标机 RTHS 系统采用任务分解策略实现了多速率的实时计算,从而使计算规模得到一定的扩大。但是,计算时步的扩大有可能降低数值算法的精度,同时导致地震记录的频率失真,因此这一解决方案仍然受到一定的限制。另一方面,由 xPC Target 构建的实时计算环境仅支持单核计算,可以提供高性能计算解决方案的并行计算方法、GPU 加速技术等无法在此实时环境中发挥作用。因此后续的研究可以考虑构建在 Windows 环境下进行实时计算的软实时 RTHS 系统,而信号生成任务依然在 xPC Target 实时计算环境执行,二者之间需要进行时钟协调,保证整个加载信号的生成与反馈是同步实时的。在这种策略下，常用的并行策略有可能能够显著地提高数值子结构计算规模。

（2）多振动台加载的相互作用问题研究。实际工程中诸如大跨度桥梁、厂房的非均匀地震输入等，都属于多点输入问题。随着 RTHS 技术的发展及结构复杂程度的提高，多振动台/作动器进行多点加载不可避免。在多振动台/作动器加载过程中，振动台/作动器之间的耦联和相互作用，以及多源时滞对试验的精度和稳定性都有影响。因此，这些问题都需要深入研究。

（3）基于自适应控制的时滞补偿算法的发展。时滞补偿算法的发展经历了常量时滞假定-非常量时滞假定-自适应时滞补偿三个阶段。常用的三阶多项式补偿及本书提出的双显式预测补偿法都是对位移信号直接进行预测修正。采用自适应的时滞补偿算法可以将时滞引起的误差看作是闭环系统中误差的一部分来进行修正。将整个 RTHS 系统看作一个闭环控制系统，系统的时滞随时发生变化；同时，多振动台加载中多源时滞耦合问题的出现，也使得时滞补偿这一问题变得更加复杂。从理论上来说，自适应时滞补偿对于解决上述问题具有更好的适应性。因此在今后的研究中，这一方面值得进一步研究。

（4）目前 RTHS 试验中数值子结构一般为线弹性，但是当需要对整体都存在非线性行为的结构进行 RTHS 时，如何构建比较精确的数值子结构模型来协调物理子结构和数值子结构之间的非线性响应是决定试验精度的关键。对于这一问题，目前学者们已开始采用在线模型修正技术来解决，通过实时在线地识别模型参数，更新数值子结构模型，获得更为精确的响应结果。但是，关于模型参数识别的方法及模型修正对系统稳定性的影响等方面仍需要更加深入的认识，因此在后续的研究中可以在这方面开展相关工作。

参 考 文 献

[1] CHOPRA A K. Dynamics of structures[M]. 4th ed. New Jersey: Prentice Hall, 2011.

[2] 李珍照. 大坝安全监测[M]. 北京：中国电力出版社，1997.

[3] 邱法维，钱稼茹，陈志鹏. 结构抗震实验方法[M]. 北京：科学出版社，2000.

[4] 周颖，吕西林. 建筑结构振动台模型试验方法与技术[M]. 北京：科学出版社，2012.

[5] 周福霖. 工程结构减震控制[M]. 北京：地震出版社，1997.

[6] HOUSNER G W, BERGMAN L A, CAUGHEY T K, et al. Structural control: Past, present, and future[J]. Journal of Engineering Mechanics-ASCE, 1997, 123(9): 897-971.

[7] GAO H, KWOK K, SAMALI B. Optimization of tuned liquid column dampers [J]. Engineering Structures, 1997, 19(6): 476-486.

[8] SAKAI F, TAKAEDA S, TAMAKI T. Tuned liquid column damper-new type device for suppression of building vibrations[C]. International Conference on Highrise Buildings, Nanjing, China, 1989.

[9] NAKASHIMA M, KATO H, TAKAOKA E. Development of real-time pseudo dynamic testing[J]. Earthquake Engineering & Structural Dynamics, 1992, 21(1): 79-92.

[10] 王进廷，徐艳杰，金峰. 实时耦联动力试验理论与实践[M]. 北京：中国建筑工业出版社，2014.

[11] 王进廷，汪强，迟福东，等. 振动台实时耦联动力试验系统构建解决方案[J]. 地震工程与工程振动，2010，30(2): 16-23.

[12] FUKUTAKE K, OHTSUKI A, SATO M, et al. Analysis of saturated dense sand-structure system and comparison with results from shaking table test[J]. Earthquake Engineering & Structural Dynamics, 1990, 19(7): 977-992.

[13] 迟世春，林少书. 结构动力模型试验相似理论及其验证[J]. 世界地震工程，2004，20(4): 11-20.

[14] 周孟夏. 有限元-振动台联合的实时耦联动力试验[D]. 北京：清华大学，2014.

[15] MAHIN S A, SHING P. Pseudodynamic method for seismic testing[J]. Journal of Structural Engineering-ASCE, 1985, 111(7): 1482-1503.

[16] MAHIN S A, SHING P, THEWALT C R, et al. Pseudodynamic test method-current status and future directions[J]. Journal of Structural Engineering-ASCE, 1989, 115(8): 2113-2128.

[17] CHANG S. Bidirectional pseudodynamic testing [J]. Journal of Engineering Mechanics-ASCE, 2009, 135(11): 1227-1236.

[18] TAKANASHI K, UDAGAWA K, SEKI M, et al. Seismic failure analysis of structures by computer-pulsator on-line system [J]. Journal of Institute of Industrial Science, Universty of Tokyo, 1974, 26(11): 13-25.

[19] TAKANASHI K, NAKASHIMA M. Japanese activities on on-line testing[J]. Journal of Engineering Mechanics, 1987, 113(7): 1014-1032.

[20] SOUID A, DELAPLACE A, RAGUENEAU F, et al. Pseudodynamic testing and nonlinear substructuring of damaging structures under earthquake loading[J]. Engineering Structures, 2009, 31(5): 1102-1110.

[21] SPENCER B F, FINHOLT T A, FOSTER I, et al. NEESGrid: A distributed collaboratory for advanced earthquake engineering experiment and simulation[C]. The 13th World Conference on Earthquake Engineering, Vancouver, Canada, 2004.

[22] STOJADINOVIC B, MOSQUEDA G, MAHIN S A. Event-driven control system for geographically distributed hybrid simulation[J]. Journal of Structural Engineering-ASCE, 2006, 132(1): 68-77.

[23] MOSQUEDA G. Continuous hybrid simulation with geographically distributed substructures[D]. University of California at Berkeley, 2003.

[24] PAN P, TADA M, NAKASHIMA M. Online hybrid test by internet linkage of distributed test-analysis domains [J]. Earthquake Engineering & Structural Dynamics, 2005, 34(11): 1407-1425.

[25] 蔡新江. 基于 NetSLab 平台及 MTS 系统接口的远程协同试验技术研究[D]. 哈尔滨:哈尔滨工业大学, 2006.

[26] 范云蕾, 郭玉荣, 肖岩. 基于 NetSLab 远程协同试验平台的多跨桥梁抗震研究[J]. 自然灾害学报, 2010, 19(3): 126-131.

[27] 吕建民, 郭玉荣, 肖岩. 结构远程协同试验研究进展[J]. 建筑科学与工程学报, 2006, 23(4): 38-43.

[28] 王进廷, 金峰, 徐艳杰, 等. 实时耦联动力试验方法理论与实践[J]. 工程力学, 2014, 31(1): 1-14.

[29] REINHORN A M, BRUNEAU M, WHITTAKER A S, et al. The UB-NEES versitile high performance testing facility[C]. The 13th World Conference on Earthquake Engineering, Vancouver, Canada, 2004.

[30] KIM S J, CHRISTENSON R, PHILLIPS B, et al. Geographically distributed real-time hybrid simulation of MR dampers for seismic hazard mitigation[C]. The 20th Analysis and Computation Specialty Conference-ASCE, Chicago, US, 2012.

[31] MCCRUM D P, BRODERICK B M. Evaluation of a substructured soft-real time hybrid test for performing seismic analysis of complex structural systems[J]. Computers & Structures, 2013, 129: 111-119.

[32] SCHELLENBERG A H, MAHIN S A, FENVES G L. Advanced implementation of hybrid simulation[R]. University of California, Berkeley, 2009.

[33] FERRY D, MAGHAREH A, BUNTING G, et al. On the performance of a highly parallelizable concurrency platform for real-time hybrid simulation[C]. The 6th World Conference of Structural Control and Monitoring, Barcelona, Spain, 2014.

[34] BONNET R A, WILLIAMS M S, BLAKEBOROUGH A. Evaluation of numerical time-integration schemes for real-time hybrid testing[J]. Earthquake Engineering & Structural Dynamics, 2008, 37(13): 1467-1490.

[35] 刘晶波,杜修力. 结构动力学[M]. 北京:机械工业出版社,2005.

[36] NEWMARK N M. A method of computation for structural dynamics[J]. Journal of the Engineering Mechanics Division, 1959, 85(3): 67-94.

[37] WU B, BAO H, OU J, et al. Stability and accuracy analysis of the central difference method for real-time substructure testing[J]. Earthquake Engineering & Structural Dynamics, 2005, 34(7): 705-718.

[38] CHANG S Y. Explicit pseudodynamic algorithm with unconditional stability[J]. Journal of Engineering Mechanics-ASCE, 2002, 128(9): 935-947.

[39] CHANG S. Explicit pseudodynamic algorithm with improved stability properties [J]. Journal of Engineering Mechanics-ASCE, 2010, 136(5): 599-612.

[40] CHANG S, YANG Y, HSU C. A family of explicit algorithms for general pseudodynamic testing[J]. Earthquake Engineering and Engineering Vibration, 2011, 10(1): 51-64.

[41] CHEN C, RICLES J M. Development of direct integration algorithms for structural dynamics using discrete control theory[J]. Journal of Engineering Mechanics-ASCE, 2008, 134(8): 676-683.

[42] CHEN C, RICLES J M. Stability analysis of direct integration algorithms applied to nonlinear structural dynamics[J]. Journal of Engineering Mechanics-ASCE, 2008, 134(9): 703-711.

[43] CHEN C, RICLES J M. Stability analysis of direct integration algorithms applied to MDOF nonlinear structural dynamics[J]. Journal of Engineering Mechanics-ASCE, 2010, 136(4): 485-495.

[44] HILBER H M, HUGHES T, TAYLOR R L. Improved numerical dissipation for time integration algorithms in structural dynamics [J]. Earthquake Engineering & Structural Dynamics, 1977, 5(3): 283-292.

[45] GUI Y, WANG J, JIN F, et al. Development of a family of explicit algorithms for structural dynamics with unconditional stability[J]. Nonlinear Dynamics, 2014, 77(4): 1157-1170.

[46] KOLAY C, RICLES J M. Development of a family of unconditionally stable explicit direct integration algorithms with controllable numerical energy dissipation [J]. Earthquake Engineering & Structural Dynamics, 2014, 43(9): 1361-1380.

[47] CHUNG J, HULBERT G M. A time integration algorithm for structural dynamics with improved numerical dissipation-the generalized-alpha method[J]. Journal of Applied Mechanics, 1993, 60(2): 371-375.

[48] KOLAY C, RICLES J M, MARULLO T M, et al. Implementation and application of the unconditionally stable explicit parametrically dissipative KR-alpha method for real-time hybrid simulation[J]. Earthquake Engineering & Structural Dynamics, 2015, 44(5): 735-755.

[49] CHANG S, WU T, TRAN N. A family of dissipative structure-dependent integration methods[J]. Structural Engineering and Mechanics, 2015, 55(4): 815-837.

[50] SHING P B, WEI Z, JUNG R, et al. NEES fast hybrid test system at the University of Colorado [C]. The 13th World Conference on Earthquake Engineering, Vancouver, Canada, 2004.

[51] CHEN C, RICLES J M. Analysis of implicit HHT-alpha integration algorithm for real-time hybrid simulation [J]. Earthquake Engineering & Structural Dynamics, 2012, 41(5): 1021-1041.

[52] COMBESCURE D, PEGON P. Alpha-operator splitting time integration technique for pseudodynamic testing-error propagation analysis [J]. Soil Dynamics and Earthquake Engineering, 1997, 16(7-8): 427-443.

[53] WU B, XU G S, WANG Q Y, et al. Operator-splitting method for real-time substructure testing[J]. Earthquake Engineering & Structural Dynamics, 2006, 35(3): 293-314.

[54] BURSI O S, SHING P. Evaluation of some implicit time-stepping algorithms for

pseudodynamic tests[J]. Earthquake Engineering & Structural Dynamics, 1996, 25(4): 333-355.

[55] BAYER V, DORKA U E, FULLEKRUG U, et al. On real-time pseudo-dynamic sub-structure testing: algorithm, numerical and experimental results[J]. Aerospace Science and Technology, 2005, 9(3): 223-232.

[56] WU B, WANG Q, SHING P B, et al. Equivalent force control method for generalized real-time substructure testing with implicit integration[J]. Earthquake Engineering & Structural Dynamics, 2007, 36(9): 1127-1149.

[57] MAGHAREH A, DYKE S J, PRAKASH A, et al. Establishing a predictive performance indicator for real-time hybrid simulation[J]. Earthquake Engineering & Structural Dynamics, 2014, 43(15): 2299-2318.

[58] HORIUCHI T, INOUE M, KONNO T, et al. Real-time hybrid experimental system with actuator delay compensation and its application to a piping system with energy absorber[J]. Earthquake Engineering & Structural Dynamics, 1999, 28(10): 1121-1141.

[59] HORIUCHI T, KONNO T. A new method for compensating actuator delay in real-time hybrid experiments[J]. Philosophical Transactions of the Royal Society of London Series A-Mathematical Physical and Engineering Sciences, 2001, 359 (1786): 1893-1909.

[60] AHMADIZADEH M, MOSQUEDA G, REINHORN A M. Compensation of actuator delay and dynamics for real-time hybrid structural simulation [J]. Earthquake Engineering & Structural Dynamics, 2008, 37(1): 21-42.

[61] CARRION J E, SPENCER B F. Real-time hybrid testing using model-based delay compensation[J]. Smart Structures and Systems, 2008, 4(6): 809-828.

[62] ZHAO J, FRENCH C, SHIELD C, et al. Considerations for the development of real-time dynamic testing using servo-hydraulic actuation [J]. Earthquake Engineering & Structural Dynamics, 2003, 32(11): 1773-1794.

[63] JUNG R Y, SHING P B. Performance evaluation of a real-time pseudodynamic test system[J]. Earthquake Engineering & Structural Dynamics, 2006, 35(7): 789-810.

[64] JUNG R, SHING P B, STAUFFER E, et al. Performance of a real-time pseudodynamic test system considering nonlinear structural response [J]. Earthquake Engineering & Structural Dynamics, 2007, 36(12): 1785-1809.

[65] MERCAN O, RICLES J M. Stability and accuracy analysis of outer loop dynamics in real-time pseudodynamic testing of SDOF systems[J]. Earthquake Engineering & Structural Dynamics, 2007, 36(11): 1523-1543.

[66] LEE S, PARK E C, MIN K, et al. Real-time hybrid shaking table testing method for the performance evaluation of a tuned liquid damper controlling seismic response of building structures [J]. Journal of Sound and Vibration, 2007, 302(3): 596-612.

[67] CHEN C, RICLES J M. Stability analysis of SDOF real-time hybrid testing systems with explicit integration algorithms and actuator delay[J]. Earthquake Engineering & Structural Dynamics, 2008, 37(4): 597-613.

[68] DARBY A P, WILLIAMS M S, BLAKEBOROUGH A. Stability and delay compensation for real-time substructure testing [J]. Journal of Engineering Mechanics-ASCE, 2002, 128(12): 1276-1284.

[69] BONNET P A, WILLIAMS M S, BLAKEBOROUGH A. Compensation of actuator dynamics in real-time hybrid tests[J]. Proceedings of the Institution of Mechanical Engineers Part I-Journal of Systems and Control Engineering, 2007, 221(I2): 251-264.

[70] WALLACE M I, WAGG D J, NEILD S A. An adaptive polynomial based forward prediction algorithm for multi-actuator real-time dynamic substructuring [J]. Proceedings of the Royal Society a-Mathematical Physical and Engineering Sciences, 2005, 461(2064): 3807-3826.

[71] WAGG D J, STOTEN D P. Substructuring of dynamical systems via the adaptive minimal control synthesis algorithm [J]. Earthquake Engineering & Structural Dynamics, 2001, 30(6): 865-877.

[72] NEILD S A, DRURÝ D, STOTEN D P. An improved substructuring control strategy based on the adaptive minimal control synthesis control algorithm[J]. Proceedings of the Institution of Mechanical Engineers Part I-Journal of Systems and Control Engineering, 2005, 219(I5): 305-317.

[73] LIM C N, NEILD S A, STOTEN D P, et al. Adaptive control strategy for dynamic substructuring tests [J]. Journal of Engineering Mechanics-ASCE, 2007, 133(8): 864-873.

[74] BONNET P A, LIM C N, WILLIAMS M S, et al. Real-time hybrid experiments with Newmark integration, MCSmd outer-loop control and multi-tasking strategies [J]. Earthquake Engineering & Structural Dynamics, 2007, 36(1): 119-141.

[75] CHEN C, RICLES J M. Tracking error-based servohydraulic actuator adaptive compensation for real-time hybrid simulation [J]. Journal of Structural Engineering-ASCE, 2010, 136(4): 432-440.

[76] CHAE Y, KAZEMIBIDOKHTI K, RICLES J M. Adaptive time series

compensator for delay compensation of servo-hydraulic actuator systems for real-time hybrid simulation[J]. Earthquake Engineering & Structural Dynamics, 2013, 42(11): 1697-1715.

[77]　CHEN P, TSAI K. Dual compensation strategy for real-time hybrid testing[J]. Earthquake Engineering & Structural Dynamics, 2013, 42(1): 1-23.

[78]　WU B, WANG Z, BURSI O S. Actuator dynamics compensation based on upper bound delay for real-time hybrid simulation[J]. Earthquake Engineering & Structural Dynamics, 2013, 42(12): 1749-1765.

[79]　STEHMAN M, NAKATA N. IIR compensation in real-time hybrid simulation using shake tables with complex control-structure-interaction[J]. Journal of Earthquake Engineering, 2016, DOI: 10.1080/13632469.2015.1104745.

[80]　GAO X Y, CASTANEDA N, DYKE S J. Real time hybrid simulation: From dynamic system, motion control to experimental error[J]. Earthquake Engineering & Structural Dynamics, 2013, 42(6): 815-832.

[81]　SHAO X. Unified control platform for real-time dynamic hybrid simulation[D]. Buffalo: University at Buffalo, the State University of New York, 2006.

[82]　CHRISTENSON R, LIN Y Z, EMMONS A, et al. Large-scale experimental verification of semiactive control through real-time hybrid simulation[J]. Journal of Structural Engineering-ASCE, 2008, 134(4): 522-534.

[83]　迟福东. 实时耦联动力试验的稳定性与应用[D]. 北京: 清华大学, 2011.

[84]　WALLACE M I, SIEBER J, NEILD S A, et al. Stability analysis of real-time dynamic substructuring using delay differential equation models[J]. Earthquake Engineering & Structural Dynamics, 2005, 34(15): 1817-1832.

[85]　MERCAN O, RICLES J M. Stability and accuracy analysis of outer loop dynamics in real-time pseudodynamic testing of SDOF systems[J]. Earthquake Engineering & Structural Dynamics, 2007, 36(11): 1523-1543.

[86]　MERCAN O, RICLES J M. Stability analysis for real-time pseudodynamic and hybrid pseudodynamic testing with multiple sources of delay[J]. Earthquake Engineering & Structural Dynamics, 2008, 37(10): 1269-1293.

[87]　CHI F, WANG J, JIN F. Delay-dependent stability and added damping of SDOF real-time dynamic hybrid testing[J]. Earthquake Engineering and Engineering Vibration, 2010, 9(3): 425-438.

[88]　周孟夏, 王进廷, 迟福东, 等. 有限元实时耦联动力试验的时滞稳定性研究[J]. 工程力学, 2014, 31(08): 14-23.

[89]　IGARASHI A, IEMURA H, SUWA T. Development of substructured shaking table test method[C]. Proceedings of 12th World Conference on Earthquake

Engineering，Auckland，New Zealand，2000.

[90] CHEN C，RICLES J M. Large-scale real-time hybrid simulation involving multiple experimental substructures and adaptive actuator delay compensation [J]. Earthquake Engineering & Structural Dynamics，2012，41(3)：549-569.

[91] SONG W，DYKE S. Development of a cyber-physical experimental platform for real-time dynamic model updating [J]. Mechanical Systems and Signal Processing，2013，37(1-2SI)：388-402.

[92] YANG W J，NAKANO Y. Substructure online test by using real-time hysteresis modeling with a neural network [J]. Advances in Experimental Structural Engineering，2005，38：267-274.

[93] SHAO X，MUELLER A，MOHAMMED B A. Real-time hybrid simulation with online model updating：Methodology and implementation [J]. Journal of Engineering Mechanics-ASCE，2016，142(2)：040150742.

[94] WANG T，WU B，ZHANG J. On-line identification with least square method for pseudo-dynamic tests[J]. Advanced Materials Research，2011，250：2455-2459.

[95] ELANWAR H H，ELNASHAI A S. On-line model updating in hybrid simulation tests[J]. Journal of Earthquake Engineering，2014，18(3)：350-363.

[96] WU B，CHEN Y，XU G，et al. Hybrid simulation of steel frame structures with sectional model updating[J]. Earthquake Engineering & Structural Dynamics，2016，DOI：10.1002/eqe.2706.

[97] WANG T，WU B. Real-time hybrid testing with constrained unscented Kalman filter [C]. The 5th International Conference on Advances in Experimental Structural Engineering，Taipei，China，2013.

[98] SONG W，DYKE S. Real-time dynamic model updating of a hysteretic structural system[J]. Journal of Structural Engineering-ASCE，2014，140(3)：04013082.

[99] NAKASHIMA M，MASAOKA N. Real-time on-line test for MDOF systems [J]. Earthquake Engineering & Structural Dynamics，1999，28(4)：393-420.

[100] BLAKEBOROUGH A，WILLIAMS M S，DARBY A P，et al. The development of real-time substructure testing [J]. Philosophical Transactions of the Royal Society of London Series A-Mathematical Physical and Engineering Sciences，2001，359(1786)：1869-1891.

[101] WANG Q，WANG J，JIN F，et al. Real-time dynamic hybrid testing for soil-structure interaction analysis[J]. Soil Dynamics and Earthquake Engineering，2011，31(12)：1690-1702.

[102] 栾茂田，林皋. 地基动力阻抗的双自由度集总参数模型[J]. 大连理工大学学报，1996，36(4)：109-114.

[103] 闫晓宇，李忠献，李勇，等. 考虑土-结构相互作用的多跨连续梁桥振动台阵试验研究[J]. 土木工程学报，2013，46(11)：98-104.

[104] GUENAY S, MOSALAM K M. Seismic performance evaluation of high-voltage disconnect switches using real-time hybrid simulation：II. Parametric study[J]. Earthquake Engineering & Structural Dynamics，2014，43(8)：1223-1237.

[105] KARAVASILIS T, RICLES J M, MARULLO T M, et al. HybridFEM：A program for nonlinear dynamic time history analysis and real-time hybrid simulation of large structural systems [J]. ATLSS Engineering Research Center, Lehigh University, 2009, Report 09-08.

[106] SAOUMA V, KANG D, HAUSSMANN G. A computational finite-element program for hybrid simulation [J]. Earthquake Engineering & Structural Dynamics，2012，41(3)：375-389.

[107] SAOUMA V, HAUSSMANN G, KANG D, et al. Real-time hybrid simulation of a nonductile reinforced concrete frame[J]. Journal of Structural Engineering-ASCE, 2014, 140(2)：04013059.

[108] ZHOU M, WANG J, JIN F, et al. Real-time dynamic hybrid testing coupling finite element and shaking table[J]. Journal of Earthquake Engineering，2014，18(4)：637-653.

[109] 周孟夏，王进廷，金峰. 考虑行波效应的实时耦联动力试验[J]. 水力发电学报，2012，31(5)：191-197.

[110] WALLACE M I, WAGG D J, NEILD S A. Multi-actuator substructure testing with applications to earthquake engineering：How do we assess accuracy? [C]. Proceedings of the 13th World Conference on Earthquake Engineering, Vancouver, Canada, 2004.

[111] WANG J T, ZHOU M X, JIN F. Real-time dynamic hybrid testing including finite element numerical substructure [C]. Proceedings of the 15th World Conference on Earthquake Engineering, Lisbon, Portugal, 2012.

[112] WU B, WANG Q Y, SHI P F, et al. Real-time substructure test of JZ20-2NW offshore platform with semi-active MR dampers[C]. The 4th World Conference on Structural Control and Monitoring, San Diego, US, 2006.

[113] DONG B P, SAUSE R, RICLES J M. Accurate real-time hybrid earthquake simulations on large-scale MDOF steel structure with nonlinear viscous dampers[J]. Earthquake Engineering & Structural Dynamics，2015，44(12)：2035-2055.

[114] CHEN P, TSAI K, LIN P. Real-time hybrid testing of a smart base isolation system[J]. Earthquake Engineering & Structural Dynamics，2014，43(1)：139-158.

[115]　CHA Y，ZHANG J，AGRAWAL A K，et al. Comparative studies of semiactive control strategies for MR dampers：Pure simulation and real-time hybrid tests [J]. Journal of Structural Engineering，2013，139（7SI）：1237-1248.

[116]　ZAPATEIRO M，KARIMI H R，LUO N，et al. Real-time hybrid testing of semiactive control strategies for vibration reduction in a structure with MR damper[J]. Structural Control & Health Monitoring，2010，17(4)：427-451.

[117]　XU H，ZHANG C，LI H，et al. Real-time hybrid simulation approach for performance validation of structural active control systems：A linear motor actuator based active mass driver case study[J]. Structural Control & Health Monitoring，2014，21(4)：574-589.

[118]　MOSALAM K M，GUENAY S. Seismic performance evaluation of high voltage disconnect switches using real-time hybrid simulation：I. System development and validation[J]. Earthquake Engineering & Structural Dynamics，2014，43(8)：1205-1222.

[119]　袁涌，熊世树，家村浩和，等. 速度控制型实时子结构实验系统[J]. 同济大学学报(自然科学版)，2008，36(9)：1182-1185＋1231.

[120]　袁涌，熊世树，朱昆. 橡胶隔震支座对桥梁隔震性能的实时子结构拟动力实验研究[J]. 华中科技大学学报(城市科学版)，2008，25(1)：35-38＋46.

[121]　CALABRESE A，STRANO S，TERZO M. Real-time hybrid simulations vs shaking table tests：Case study of a fibre-reinforced bearings isolated building under seismic loading[J]. Structural Control & Health Monitoring，2015，22(3)：535-556.

[122]　SORKHABI A A，MALEKGHASEMI H，MERCAN O. Dynamic behaviour and performance evaluation of tuned liquid dampers（TLDs）using real-time hybrid simulation [C]. The 43rd ASCE Structures Congress，Chicago，US，2012.

[123]　MALEKGHASEMI H，ASHASI-SORKHABI A，GHAEMMAGHAMI A R，et al. Experimental and numerical investigations of the dynamic interaction of tuned liquid damper-structure systems[J]. Journal of Vibration and Control，2015，21(14)：2707-2720.

[124]　桂耀. 一族双显式算法及其在实时耦联动力试验中的应用[D]. 北京：清华大学，2014.

[125]　WANG J，GUI Y，ZHU F，et al. Real-time hybrid simulation of multi-story structures installed with tuned liquid damper[J]. Structural Control and Health Monitoring，2016，23(7)：1015-1031.

[126] SONG T T, DARGUSH G F. Passive and active structural vibration control in civil engineering[M]. New York: Springer-Verlag, 1994.

[127] XU Y L, SAMALI B, KWOK K. Control of along-wind response of structures by mass and liquid dampers[J]. Journal of Engineering Mechanics-ASCE, 1992, 118(1): 20-39.

[128] SADEK F, MOHRAZ B, LEW H S. Single- and multiple-tuned liquid column dampers for seismic applications[J]. Earthquake Engineering & Structural Dynamics, 1998, 27(5): 439-463.

[129] GAO H, KWOK K, SAMALI B. Characteristics of multiple tuned liquid column dampers in suppressing structural vibration[J]. Engineering Structures, 1999, 21(4): 316-331.

[130] YALLA S K, KAREEM A. Optimum absorber parameters for tuned liquid column dampers[J]. Journal of Structural Engineering-ASCE, 2000, 126(8): 906-915.

[131] DI MATTEO A, LO IACONO F, NAVARRA G, et al. Direct evaluation of the equivalent linear damping for TLCD systems in random vibration for pre-design purposes[J]. International Journal of Non-Linear Mechanics, 2014, 63: 19-30.

[132] DI MATTEO A, LO IACONO F, NAVARRA G, et al. Experimental validation of a direct pre-design formula for TLCD[J]. Engineering Structures, 2014, 75: 528-538.

[133] COLWELL S, BASU B. Experimental and theoretical investigations of equivalent viscous damping of structures with TLCD for different fluids[J]. Journal of Structural Engineering-ASCE, 2008, 134(1): 154-163.

[134] HOCHRAINER M J, ZIEGLER F. Control of tall building vibrations by sealed tuned liquid column dampers[J]. Structural Control & Health Monitoring, 2006, 13(6): 980-1002.

[135] MOUSAVI S A, BARGI K, ZAHRAI S M. Optimum parameters of tuned liquid column-gas damper for mitigation of seismic-induced vibrations of offshore jacket platforms[J]. Structural Control & Health Monitoring, 2013, 20(3): 422-444.

[136] DEZVAREH R, BARGI K, MOUSAVI S A. Control of wind/wave-induced vibrations of jacket-type offshore wind turbines through tuned liquid column gas dampers[J]. Structure and Infrastructure Engineering, 2016, 12(3): 312-326.

[137] SHUM K M, XU Y L, GUO W H. Wind-induced vibration control of long span cable-stayed bridges using multiple pressurized tuned liquid column

dampers[J]. Journal of Wind Engineering and Industrial Aerodynamics, 2008, 96(2): 166-192.

[138] XUE S D, KO J M, XU Y L. Tuned liquid column damper for suppressing pitching motion of structures[J]. Engineering Structures, 2000, 22(11): 1538-1551.

[139] SHUM K M, XU Y L. Multiple-tuned liquid column dampers for torsional vibration control of structures: experimental investigation [J]. Earthquake Engineering & Structural Dynamics, 2002, 31(4): 977-991.

[140] COLWELL S, BASU B. Tuned liquid column dampers in offshore wind turbines for structural control[J]. Engineering Structures, 2009, 31(2): 358-368.

[141] MIN K, KIM J, KIM Y. Design and test of tuned liquid mass dampers for attenuation of the wind responses of a full scale building[J]. Smart Materials and Structures, 2014, 23(4): 45020-45029.

[142] ROZAS L, BOROSCHEK R L, TAMBURRINO A, et al. A bidirectional tuned liquid column damper for reducing the seismic response of buildings[J]. Structural Control & Health Monitoring, 2016, 23(4): 621-640.

[143] ABE M, KIMURA S, FUJINO Y. Control laws for semi-active tuned liquid column damper with variable orifice opening [C]. The 2nd International Workshop on Structural Control, Hong Kong, China, 1996.

[144] YALLA S K, KAREEM A, KANTOR J C. Semi-active tuned liquid column dampers for vibration control of structures[J]. Engineering Structures, 2001, 23(11): 1469-1479.

[145] 霍林生,李宏男. 半主动变刚度 TLCD 减振控制的研究[J]. 振动与冲击, 2012, 31(10): 157-164.

[146] 李宏男,霍林生,闫石. 神经网络半主动 TLCD 对偏心结构的减震控制[J]. 地震工程与工程振动, 2001, 21(4): 135-141.

[147] 孙洪鑫,王修勇,陈政清. 磁流变式调谐液柱阻尼器抑制结构地震作用半主动控制[J]. 地震工程与工程振动, 2010, 30(5): 22-28.

[148] 孙洪鑫,王修勇,陈政清,等. SDOF-磁流变式调谐液柱阻尼器系统半主动控制试验研究[J]. 土木工程学报, 2010, 43(12): 62-68.

[149] ALTAY O. Flüssigkeitsdämpfer zur Reduktion periodischer und stochastischer Schwingungen turmartiger Bauwerke[D]. Aachen: RWTH Aachen University, 2013.

[150] KIM H, ADELI H. Wind-induced motion control of 76-story benchmark building using the hybrid damper-TLCD system [J]. Journal of Structural

Engineering-ASCE，2005，131(12)：1794-1802.

[151]　KAREEM A，KIJEWSKI T. Mitigation of motions of tall buildings with specific examples of recent applications[J]. Wind and Structures，1999，2(3)：201-251.

[152]　AKBAR T，CHRIS C，BRAZIL A，et al. Manhattan's mixed construction skyscrapers with tuned liquid and mass dampers[C]. CTBUH 7th World Congress，New York，US，2005.

[153]　VENTURA C E，LORD J F，SIMPSON R D. Effective use of ambient vibration measurements for modal updating of a 48 storey building in Vancouver，Canada[C]. International Conference on Structural Dynamics Modeling-Test，Analysis，Correlation and Validation，Madeira Island，Portugal，2002.

[154]　汪强. 基于振动台的实时耦联动力试验系统构建及应用[D]. 北京：清华大学，2010.

[155]　GUENAY S，MOSALAM K M. Enhancement of real-time hybrid simulation on a shaking table configuration with implementation of an advanced control method [J]. Earthquake Engineering & Structural Dynamics，2015，44(5)：657-675.

[156]　同济大学应用数学系. 高等数学[M]. 5 版. 北京：高等教育出版社，2001.

[157]　BENJAMI C K，FARID G. Automatic control systems[M]. 8th ed. New York：John Wiley and Sons，Inc.，2003.

[158]　吴麒，王诗宓. 自动控制原理[M]. 2 版. 北京：清华大学出版社，2005.

[159]　BONNET P A. The development of multi-axis real-time substructure testing [D]. Oxford：University of Oxford，2006.

[160]　HUSSEIN B，NEGRUT D，SHABANA A A. Implicit and explicit integration in the solution of the absolute nodal coordinate differential/algebraic equations [J]. Nonlinear Dynamics，2008，54(4)：283-296.

[161]　GOLDSTEIN H. Classical Mechanics[M]. 3rd ed. Massachusetts：Addison-Wesley，2001.

[162]　DEN HARTOG J P. Mechanical vibrations[M]. 4th ed. New York：McGraw-Hill Book Co.，Inc.，1956.

[163]　HERNANDEZ-MONTES E，ASCHHEIM M A，MARIA GIL-MARTIN L. Energy components in nonlinear dynamic response of SDOF systems[J]. Nonlinear Dynamics，2015，82(1-2)：933-945.

[164]　XUE S D，KO J M，XU Y L. Wind-induced vibration control of bridges using liquid column damper[J]. Earthquake Engineering and Engineering Vibration，2002，1(2)：271-280.

[165] 陈跃庆，吕西林，李培振，等. 不同土性的地基-结构动力相互作用振动台模型试验对比研究[J]. 土木工程学报，2006，39(5)：57-64.

[166] 吕西林，陈跃庆，陈波，等. 结构-地基动力相互作用体系振动台模型试验研究[J]. 地震工程与工程振动，2000，20(4)：20-29.

[167] 李德玉，王海波，涂劲，等. 拱坝坝体-地基动力相互作用的振动台动力模型试验研究[J]. 水利学报，2003，7：30-35.

[168] LOU M, WANG W. Study on soil-pile-structure-TMD interaction system by shaking table model test [J]. Earthquake Engineering and Engineering Vibration，2004，3(1)：127-137.

[169] 楼梦麟，宗刚，牛伟星，等. 土-桩-钢结构-TLD 系统振动台模型试验研究[J]. 地震工程与工程振动，2006，26(6)：172-177.

[170] Pitilakis D, Dietz M, Wood D M, et al. Numerical simulation of dynamic soil-structure interaction in shaking table testing[J]. Soil Dynamics and Earthquake Engineering，2008，28(6)：453-467.

[171] SPENCER B F, CHRISTENSON R E, DYKE S J. Next generation benchmark control problem for seismically excited buildings [C]. The Second World Conference on Structural Control，Kyoto，Japan，1998.

[172] SPENCER B F, DYKE S J, DEOSKAR H S. Benchmark problems in structural control-part Ⅰ：Active mass driver system[C]. The 15th ASCE Structures Congress，Portland，US，1997.

[173] LU J, SKELTON R E. Covariance control using closed loop modeling for structures[C]. The 15th ASCE Structures Congress，Portland，US，1997.

[174] OHTORI Y, CHRISTENSON R E, SPENCER B F, et al. Benchmark control problems for seismically excited nonlinear buildings[J]. Journal of Engieering Mechanics-ASCE，2004，130(4)：366-385.

[175] MAGHAREH A, DYKE S J, PRAKASH A, et al. Evaluating modeling choices in the implementation of real-time hybrid simulation[C]. The 2012 Joint Conference of the Engineering Mechanics Institute and the 11th ASCE Joint Specialty Conference on Probabilistic Mechanics and Structural Reliability，Notre Dame，US，2012.

[176] LIU J B, LI B. A unified viscous-spring artificial boundary for 3-D static and dynamic applications[J]. Science in China Series E-Engineering & Materials Science，2005，48(5)：570-584.

[177] ZHANG C H, PAN J W, WANG J T. Influence of seismic input mechanisms and radiation damping on arch dam response[J]. Soil Dynamics and Earthquake Engineering，2009，29(9)：1282-1293.

[178] FUJINO Y, SUN L, PACHECO B M, et al. Tuned liquid damper (TLD) for suppressing horizontal motion of structures [J]. Journal of Engineering Mechanics-ASCE, 1992, 118(10): 2017-2030.

[179] SUN L M, FUJINO Y, PACHECO B M, et al. Modelling of tuned liquid damper(TLD)[J]. Journal of Wind Engineering and Industrial Aerodynamics, 1992, 43(1-3): 1883-1894.

[180] SUN L M, FUJINO Y, CHAISERI P, et al. The properties of tuned liquid dampers using a TMD analogy [J]. Earthquake Engineering & Structural Dynamics, 1995, 24(7): 967-976.

[181] YU J K, WAKAHARA T, REED D A. A non-linear numerical model of the tuned liquid damper[J]. Earthquake Engineering & Structural Dynamics, 1999, 28(6): 671-686.

[182] LU X Z, HAN B, HORI M, et al. A coarse-grained parallel approach for seismic damage simulations of urban areas based on refined models and GPU/CPU cooperative computing[J]. Advances in Engineering Software, 2014, 70: 90-103.

[183] FUJINO Y, PACHECO B M, CHAISERI P, et al. Parametric studies on tuned liquid damper (TLD) using circular containers by free-oscillation experiments [J]. Structural Engineering/Earthquake Engineering, 1988, 5(2): 381-391.

在学期间发表的学术论文与
研究成果

发表的学术论文

[1] **Zhu F**, Wang J T, Jin F, Gui Y. Comparison of explicit integration algorithms for real-time hybrid simulation. Bulletin of Earthquake Engineering, 2016, 14(1):89-114. (SCI 收录,检索号:CY3RV,影响因子:1.884)

[2] **Zhu F**, Wang J T, Jin F, Lu L Q. Seismic performance of tuned liquid column dampers for structural control using real-time hybrid simulation. Journal of Earthquake Engineering, 2016, 20(8):1370-1390. (SCI 收录,检索号:EA7OJ,影响因子:1.763)

[3] **Zhu F**, Wang J T, Jin F, Chi F D, Gui Y. Stability analysis of MDOF real-time dynamic hybrid testing systems using the discrete-time root locus technique. Earthquake Engineering & Structural Dynamics, 2015, 44(2):221-241. (SCI 收录,检索号:AY9FK,影响因子:2.305)

[4] **Zhu F**, Wang J T, Jin F, Gui Y, Zhou M X. Analysis of delay compensation in real-time dynamic hybrid testing with large integration time-step. Smart Structures and Systems, 2014, 14(6):1269-1289. (SCI 收录,检索号:AZ0JS,影响因子:1.368)

[5] **Zhu F**, Wang J T, Jin F, Zhou M X, Gui Y. Simulation of large-scale numerical substructure in real-time dynamic hybrid testing. Earthquake Engineering and Engineering Vibration, 2014, 13(4):599-609. (SCI 收录,检索号:AW9GU,影响因子:0.729)

[6] **Zhu F**, Wang J T, Jin F, Lu L Q, Gui Y, Zhou M X. Real-time hybrid simulation of the size effect of tuned liquid dampers. Structural Control & Health Monitoring 2017, 24(9):e1962. (SCI 收录,检索号:FD3JB,影响因子:2.355)

[7]　**Zhu F**, Wang J T, Jin F, Lu L Q. Real-time hybrid simulation of full-scale tuned liquid column dampers to control the multi-order modal responses of structures. Engineering Structures 2017, 138: 74-90. (SCI 收录,检索号: EP7HX,影响因子: 2.258)

[8]　**Zhu F**, Wang J T, Jin F, Lu L Q. Control performance comparison between tuned liquid damper and tuned liquid column damper using real-time hybrid simulation. Earthquake Engineering and Engineering Vibration, 2019. (SCI 收录,已接收,影响因子: 0.847)

[9]　Wang J T, Gui Y, **Zhu F**, Jin F, Zhou M X. Real-time hybrid simulation of multi-story structures installed with tuned liquid damper. Structural Control & Health Monitoring, 2016, 23(7): 1015-1031. (SCI 收录,检索号: DN6US,影响因子: 2.133)

[10]　Zhou M X, Wang J T, Jin F, Gui Y, **Zhu F**. Real-time dynamic hybrid testing coupling finite element and shaking table. Journal of Earthquake Engineering, 2014, 18(4): 637-653. (SCI 收录,检索号: AF7PR,影响因子: 1.175)

[11]　**Zhu F**, Wang J T, Jin F, Lu L Q. Investigation of size effect on control performance of tuned liquid dampers by using real-time hybrid simulation. Proceedings of the 6th European Conference on Structural Control-the European Association for the Control of Structures (EACS), July 11-13, 2016, Sheffield, England. (国际会议)

[12]　**Zhu F**, Wang J T, Jin F, Altay O. Real-time hybrid simulation of single and multiple tuned liquid column dampers for controlling seismic-induced response. Proceedings of the 6th International Conference on Advances in Experimental Structural Engineering. August 1-2, 2015, University of Illinois at Urbana-Champaign, United States. (国际会议)

[13]　Gui Y, Wang J T, Zhou M X, **Zhu F**, Jin F. Real-time dynamic hybrid testing for multi-storey structures installed with tuned liquid dampers. Proceedings of the 6th World Conference on Structural Control and Monitoring. July 15-17, 2014, Barcelona, Spain. (国际会议)

研 究 成 果

［1］ 基于有限元的实时耦联动力试验方法及其应用,国家自然科学基金,项目编号:51179093.

［2］ 乌东德拱坝抗震安全评价与加固措施研究,2011.

［3］ 白鹤滩拱坝整体稳定性研究,2012.

［4］ 沙牌拱坝遭遇强震作用下的动力仿真分析及拱坝抗震能力研究,2014.

［5］ 大古水电站重力坝动力分析及抗震安全性评价,2014.

［6］ 清华大学学生实验室建设贡献二等奖,2015.

致　　谢

本书的研究工作是在导师金峰教授和王进廷教授的精心指导下完成的。金老师学识渊博、治学严谨，对我的科研工作循循善诱，给予我启发性的指导。王老师细心热情，尽心传道，一直孜孜不倦地给我传授科研方法，和我探讨学术中遇到的难题，推动着我的课题进展。在追求学术的道路上，两位老师给予了我足够的空间和自由，同时大力支持我出国留学，让我这个农村来的孩子也有机会到国外的知名大学进行学习交流。此外，两位老师在生活中还一直给予我无微不至的关怀与照顾，让我在博士学位的奋斗道路上无所畏惧。培育之情，知遇之恩，铭记在心。

感谢张楚汉院士、徐艳杰副教授、潘坚文老师等对我在完成博士论文过程中的帮助和支持。

在德国亚琛工业大学土木工程系为期半年的合作研究期间，承蒙 Dr. Okyay Altay 对我研究课题的悉心指导，不胜感激；感谢 Dr. Britta Holtschoppen 和陈林博士对我生活中的关心和帮助；同时感谢清华大学"博士生短期出国访学基金"的资助。

感谢在振动组一起学习生活的全体兄弟姐妹，课题组严肃活泼的氛围为我的科研生活留下了许多美好的回忆，同窗之情，弥足珍贵。特别感谢周孟夏、桂耀、汪强、迟福东四位博士师兄的研究工作，他们的研究成果和经验给了我深刻的启发和帮助；感谢路立桥师弟，刘遥路、胡杭等同学帮助我一起做试验，振动台试验过程中有很多体力活，他们在其中给予了我无私的帮助；感谢贺春晖师兄和桂耀师兄在课题研究中的耐心指导和帮助；感谢张磊师弟在我出国访学期间帮助我解决了很多校内的烦琐事情。

感谢父母二十多年含辛茹苦的养育之恩，抚育教诲，难以言表，唯愿二老健康长寿。感谢钰儿妹妹的降临带给我的好运。感谢女友陈运娟的陪伴鼓励，不离不弃。你们都是我坚持的理由，奋斗的动力。

朱　飞

2016 年 4 月